THÉORIE ÉLÉMENTAIRE

DES

FONCTIONS ELLIPTIQUES.

Extrait des *Nouvelles Annales de Mathématiques*, 2e série,
t. XVI, XVII et XVIII; 1877, 1878 et 1879.

THÉORIE ÉLÉMENTAIRE

DES

FONCTIONS ELLIPTIQUES,

PAR H. LAURENT,
Répétiteur d'Analyse à l'École Polytechnique

PARIS,
GAUTHIER-VILLARS, IMPRIMEUR-LIBRAIRE
DU BUREAU DES LONGITUDES, DE L'ÉCOLE POLYTECHNIQUE,
SUCCESSEUR DE MALLET-BACHELIER,
Quai des Augustins, 55.

1880

THÉORIE ÉLÉMENTAIRE

DES

FONCTIONS ELLIPTIQUES.

Les personnes qui veulent étudier la théorie des fonctions elliptiques ont certainement d'excellents ouvrages à leur disposition : les *Fundamenta nova* de Jacobi, les *OEuvres* d'Abel, l'ouvrage plus ancien de Legendre, sont des chefs-d'œuvre qu'il est bon d'avoir lus quand on veut approfondir la théorie des fonctions elliptiques. Le *Traité des fonctions doublement périodiques*, de MM. Briot et Bouquet, résume aujourd'hui presque tous les faits acquis à la Science sur cette branche intéressante de l'Analyse; mais il n'existe pas de Traité, pour ainsi dire élémentaire, dans lequel on puisse prendre une idée suffisamment exacte de la théorie des fonctions elliptiques, sans cependant l'approfondir dans tous ses détails.

Nous croyons donc faire une chose utile en offrant aux lecteurs des *Nouvelles Annales* une théorie des fonctions elliptiques résumant leurs propriétés les plus importantes, et leurs principales applications à la Géométrie et à la Mécanique.

Nous n'avons pas l'intention, disons-le immédiatement, de suppléer à la lecture des grands maîtres; nos articles devront surtout avoir pour but de faciliter cette lecture et d'en inspirer le goût.

NOTIONS PRÉLIMINAIRES.

Avant d'aborder la question des fonctions elliptiques, nous ferons connaître quelques principes relatifs à la théorie générale des fonctions.

Nous représenterons une imaginaire $x+y\sqrt{-1}$ par un point dont les coordonnées seront x et y, ou par une droite dont la longueur sera le module $r=\sqrt{x^2+y^2}$, faisant avec l'axe des x un angle θ égal à l'argument de $x+y\sqrt{-1}$. Cet argument sera d'ailleurs pour nous *l'un quelconque* des angles ayant pour cosinus $\frac{x}{r}$ et pour sinus $\frac{y}{r}$.

Quand nous dirons que le point $x+y\sqrt{-1}$ décrit une courbe, il faudra entendre par là que le point dont les coordonnées sont x, y décrit cette courbe. On peut considérer l'expression $X+Y\sqrt{-1}$, où X et Y sont des fonctions de x et y, comme une fonction de $x+y\sqrt{-1}$. Cauchy se plaçait à ce point de vue, mais nous ne considérerons que les fonctions de $x+y\sqrt{-1}$ ayant une dérivée unique et bien déterminée. Cette condition d'avoir une dérivée unique impose à X et Y certaines propriétés que nous allons faire connaître. La dérivée de $X+Y\sqrt{-1}$ est

$$\frac{dX+dY\sqrt{-1}}{dx+dy\sqrt{-1}}=\frac{\frac{dX}{dx}dx+\frac{dX}{dy}dy+\sqrt{-1}\left(\frac{dY}{dx}dx+\frac{dY}{dy}dy\right)}{dx+dy\sqrt{-1}};$$

et, pour qu'elle soit indépendante du rapport $\frac{dy}{dx}$, c'est-à-dire de la manière dont $dx+dy\sqrt{-1}$ tend vers zéro,

notation moderne :

$$\frac{dX+i\,dY}{\quad}=\frac{\frac{\partial X}{\partial x}dx+\frac{\partial X}{\partial y}dy+i\left(\frac{\partial Y}{\partial x}dx+\frac{\partial Y}{\partial y}dy\right)}{\quad}$$

il faut que

$$\frac{\frac{dX}{dx} + \sqrt{-1}\frac{dY}{dx}}{1} = \frac{\frac{dX}{dy} + \sqrt{-1}\frac{dY}{dy}}{\sqrt{-1}};$$

d'où l'on conclut, en égalant les parties réelles et les coefficients de $\sqrt{-1}$,

$$\frac{dX}{dx} = \frac{dY}{dy}, \quad \frac{dY}{dx} = -\frac{dX}{dy} \quad (*).$$

Nous supposerons ces relations toujours satisfaites; d'ailleurs, la manière dont on prend les dérivées des fonctions que l'on rencontre en analyse prouve que ces fonctions n'ont qu'une seule dérivée.

Une fonction qui n'a qu'une dérivée en chaque point, c'est-à-dire pour chaque valeur de la variable, a quelquefois été appelée *monogène*.

Une fonction est dite *monodrome* dans une portion C du plan, quand, le point qui représente sa variable (ou, pour abréger, quand sa variable) se mouvant dans cette portion C du plan, la fonction reprend toujours la même valeur quand sa variable repasse par le même point.

Les fonctions bien définies, telles que les fonctions rationnelles, le sinus, le cosinus, l'exponentielle, etc., sont monodromes dans toute l'étendue du plan; car, leur variable étant donnée, elles sont entièrement définies. Il n'en est pas de même des fonctions irrationnelles; ainsi, pour ne prendre qu'un seul exemple, $\sqrt{z-a}$ ou $\sqrt{x+y\sqrt{-1}-a}$ n'est pas monodrome à l'intérieur d'un contour contenant le point a.

Imaginons, en effet, que le point z, ou $x+y\sqrt{-1}$,

(*) Pour l'interprétation de ces formules, *voir* le *Traité des fonctions doublement périodiques*, de MM. Briot et Bouquet.

décrive un cercle de rayon r ayant pour centre le point a; on sait que la droite qui représente la somme de deux imaginaires est la résultante des droites représentant chaque partie de la somme (*); la droite $re^{\theta\sqrt{-1}}$, qui représentera la somme $z-a$, sera donc la résultante des droites qui représentent z et $-a$. Cette droite est celle qui va du point $+a$ au point z. Supposer que le point z décrit un cercle de rayon r autour du point a, c'est donc supposer que le module r de $z-a=re^{\theta\sqrt{-1}}$ reste constant. Cela posé, on a

$$\sqrt{z-a}=r^{\frac{1}{2}}e^{\frac{\theta}{2}\sqrt{-1}}.$$

Que le point z se meuve sur le cercle en tournant dans le sens positif (celui dans lequel les angles croissent en Trigonométrie), θ va croître ainsi que $\frac{\theta}{2}$. Mais, quand θ aura varié de 2π, le point z sera revenu à son point de départ, et z aura repris sa valeur initiale; il n'en sera pas de même de $\sqrt{z-a}$, qui sera devenu

$$r^{\frac{1}{2}}e^{\frac{\theta+2\pi}{2}\sqrt{-1}}=-r^{\frac{1}{2}}e^{\frac{\theta}{2}\sqrt{-1}},$$

et qui aura changé de signe.

DES INTÉGRALES PRISES ENTRE DES LIMITES IMAGINAIRES.

La fonction $f(z)$ de la variable imaginaire

$$z=x+y\sqrt{-1}$$

(*) *Voir* l'Ouvrage de Mourey sur *La vraie théorie des quantités prétendues imaginaires;* sur le *Calcul des équipollences* (*Nouvelles Annales*, 2e série, t. VIII, 1869); mon *Traité d'Algèbre;* l'Ouvrage de MM. Briot et Bouquet déjà cité, etc.

est en réalité une fonction de deux variables, et si, entre x et y, on établit une relation, telle que

$$x = \varphi(t), \quad y = \psi(t),$$

$f(z)$ devient alors fonction de la seule variable t. Si l'on pose alors

$$x_0 = \varphi(t_0), \quad y_0 = \psi(t_0), \quad X = \varphi(T), \quad Y = \psi(T),$$

et

$$z_0 = x_0 + y_0\sqrt{-1}, \quad Z = X + Y\sqrt{-1},$$

l'intégrale

$$\int_{t_0}^{T} f(z)\left(\frac{dx}{dt} + \frac{dy}{dt}\sqrt{-1}\right) dt$$

aura une valeur bien déterminée. On représente souvent cette intégrale par le symbole

$$\int_{z_0}^{Z} f(z)\,dz,$$

qui, comme l'on voit, est indéterminé si l'on ne dit pas de quelle façon x et y sont liés entre eux ou à t. Cette expression est ce que l'on appelle une *intégrale prise entre des limites imaginaires*; pour en préciser le sens, on ajoute la relation qui lie x à y, soit directement, soit par l'intermédiaire de la variable auxiliaire t.

Le plus souvent on emploie, pour fixer le sens de la notation $\int_{z_0}^{Z} f(z)\,dz$, un langage géométrique, et, au lieu de se donner les relations $x = \varphi(t)$, $y = \psi(t)$, on indique la nature de la courbe représentée par ces équations. Si, par exemple, on posait

$$x = \cos t, \quad y = \sin t,$$

on aurait $x^2 + y^2 = 1$, et si l'on intégrait par rapport à t de zéro à π, on dirait que l'on prend l'intégrale le long d'un demi-cercle de rayon un, décrit de l'origine comme centre et limité à l'axe des x.

Réciproquement, quand on se donne le *contour d'intégration*, on ramène facilement l'intégrale à une ou plusieurs autres prises entre des limites réelles. Supposons, par exemple, que l'on demande d'intégrer $f(z)dz$ le long d'une droite inclinée à 45 degrés sur l'axe des x, issue de l'origine et aboutissant à un point situé à la distance l de l'origine.

Les équations de cette ligne seront

$$x = t\frac{\sqrt{2}}{2}, \quad y = t\frac{\sqrt{2}}{2};$$

on aura

$$dx = dt\frac{\sqrt{2}}{2}, \quad dy = dt\frac{\sqrt{2}}{2},$$

et, par suite,

$$\int f(z)\,dz = \int_0^l f\left[t\frac{\sqrt{2}}{2}(1+\sqrt{-1})\right](1+\sqrt{-1})\frac{\sqrt{2}}{2}\,dt.$$

Je prends pour limites o et l, parce que t représente la distance du point (x, y) à l'origine; cette distance est o ou l, selon que le point (x, y) est à l'origine ou à l'extrémité de la droite.

Théorème de Cauchy. — *Le point z variant à l'intérieur d'un contour donné, si, à l'intérieur de ce contour, la fonction $f(z)$ reste monodrome, monogène et finie, l'intégrale $\int_{z_0}^{Z} f(z)\,dz$ conservera toujours la même valeur, pourvu que le chemin qui mène de z_0 à Z ne sorte pas du contour donné, quel que soit d'ailleurs ce chemin.*

Pour démontrer ce théorème, un des plus féconds de toute l'Analyse, nous intégrerons la fonction $f(z)$ le long de deux contours AMB, ANB. Soient s l'arc du premier contour compté à partir du point A, et ks l'arc du second compté toujours à partir du même point A; soient

$$x_1 = \varphi_1(s), \quad y_1 = \psi_1(s)$$

les équations du premier contour, et

$$x_2 = \varphi_2(ks), \quad y_2 = \psi_2(ks)$$

celles du second; et, en désignant par S l'arc AMB,

Fig. 1.

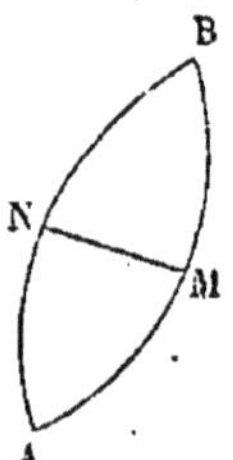

supposons que kS soit l'arc ANB. Joignons maintenant les points correspondants des deux contours; soient M et N deux points correspondants, c'est-à-dire tels que AN $= k$AM. Nous supposerons que la droite MN soit tout entière dans l'intervalle compris entre les deux contours; considérons maintenant le contour ayant pour équations

$$x = \varphi_1(s)\frac{\alpha - \alpha_2}{\alpha_1 - \alpha_2} + \varphi_2(ks)\frac{\alpha_1 - \alpha}{\alpha_1 - \alpha_2},$$

$$y = \psi_1(s)\frac{\alpha - \alpha_2}{\alpha_1 - \alpha_2} + \psi_2(ks)\frac{\alpha_1 - \alpha}{\alpha_1 - \alpha_2}.$$

Pour $\alpha = \alpha_1$, il se réduira au premier contour AMB, et, pour $\alpha = \alpha_2$, il se réduira au second ANB; et, de plus, tous ses points seront compris à l'intérieur de l'aire AMBNA, quand on supposera α compris entre α_1

et α_2. Intégrons la fonction $f(z)$ le long de ce contour, nous aurons

$$\int f(z)\,dz = \int_0^S f(x+y\sqrt{-1})\left(\frac{dx}{ds}+\frac{dy}{ds}\sqrt{-1}\right)ds$$
$$= \int_0^S f(z)\frac{dz}{ds}\,ds;$$

$\frac{dx}{ds}, \frac{dy}{ds}$ restent d'ailleurs finis, ainsi que leurs dérivées prises par rapport à α. Appelons u cette intégrale, nous aurons

$$\frac{du}{d\alpha} = \int_0^S \frac{d}{d\alpha}\left[f(z)\frac{dz}{ds}\right]ds,$$

ou

$$\frac{du}{d\alpha} = \int_0^S \left[f'(z)\frac{dz}{d\alpha}\frac{dz}{ds} + f(z)\frac{d^2z}{d\alpha\,ds}\right]ds,$$

ou, en intégrant le second terme par parties,

$$\frac{du}{d\alpha} = \left[f(z)\frac{dz}{d\alpha}\right]_0^S + \int_0^S\left[f'(z)\frac{dz}{d\alpha}\frac{dz}{ds} - f'(z)\frac{dz}{d\alpha}\frac{dz}{ds}\right]ds,$$

ou

$$\frac{du}{d\alpha} = \left[f(z)\frac{dz}{d\alpha}\right]_0^S.$$

Or $\frac{dz}{d\alpha}$ est nul pour $s=0$ et $s=S$, le contour passant en A et B pour $s=0$ et $s=S$ quel que soit α, c'est-à-dire ne dépendant pas alors de α; donc $\frac{du}{d\alpha}=0$, et, par suite, u ne dépend pas de α; il a donc la même valeur pour $\alpha=\alpha_1$ et pour $\alpha=\alpha_2$, c'est-à-dire que l'intégrale prise le long de AMB ou de ANB conserve la même valeur. Cela suppose toutefois que $f(z)$ conserve la même valeur, quel que soit le contour par lequel le point z se rend de A en B; $f(z)$ doit donc être monodrome; elle doit aussi être monogène, car nous avons supposé

$$\frac{df}{d\alpha}=f'(z)\frac{dz}{d\alpha}\quad \text{et}\quad \frac{df}{ds}=f'(z)\frac{dz}{ds},$$

c'est-à-dire que nous avons admis que $f'(z)$ restait indépendant de la direction de l'accroissement donné à z, pour en faire le calcul; enfin nos raisonnements supposent $f(z)$ et $f'(z)$ finis.

Considérons maintenant deux contours quelconques

Fig. 2.

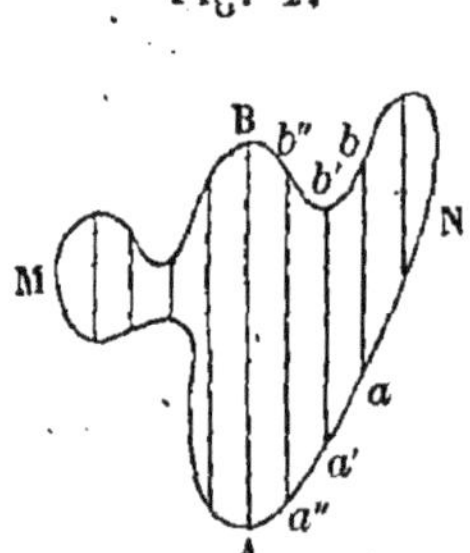

aboutissant en A et B, et désignons, pour abréger, par (PRQ ...) l'intégrale de $f(z)$ prise le long d'un contour désigné par PRQ .... Le théorème est démontré pour deux contours formant à eux deux un contour fermé convexe, car une sécante joignant deux points correspondants ne rencontre le contour fermé qu'en deux points et reste intérieure à ce contour : il en résulte que l'intégrale prise le long d'un contour fermé convexe quelconque est nulle, car l'intégrale en question est égale à l'intégrale prise le long d'un contour infiniment petit. C'est cette proposition que nous allons d'abord généraliser : considérons le contour AMBN, décomposons-le en une infinité d'autres par des parallèles à une direction donnée, on obtiendra ainsi une série de contours convexes. En vertu de la notation adoptée, on aura alors

$$\begin{array}{c}\ldots\ldots\ldots\ldots\ldots\ldots\ldots\ldots,\\(ab)+(bb')+(b'a')+(a'a)=0,\\(a'b')+(b'b'')+(b''a'')+(a''a')=0,\\\ldots\ldots\ldots\ldots\ldots\ldots\ldots\ldots;\end{array}$$

si l'on ajoute toutes ces formules, les termes tels que $(a'b')$ et $(b'a')$ se détruisent, et il reste $\Sigma(a'a)+\Sigma(bb')=0$, c'est-à-dire que l'intégrale prise le long du contour fermé total est nulle. On a donc

$$(\text{AMB})+(\text{BNA})=0,$$

ou

$$(\text{AMB})-(\text{ANB})=0,$$

c'est-à-dire

$$(\text{AMB})=(\text{ANB}).$$

C. Q. F. D.

CAS OU LE THÉORÈME DE CAUCHY TOMBE EN DÉFAUT.

Cauchy a remarqué que son théorème tombait en défaut dès que la fonction $f(z)$ cessait d'être finie, continue, monodrome ou monogène, et il a tiré parti de ces cas pour enrichir la Science d'une de ses plus belles découvertes.

Théorème I. — *L'intégrale d'une fonction monodrome, monogène, finie et continue* (ou synectique, *comme l'appelle Cauchy*) *à l'intérieur d'un contour fermé, est nulle quand on la prend le long de ce contour.*

En effet, elle est égale, comme nous l'avons déjà observé, à l'intégrale prise le long d'un contour quelconque, ayant la même origine et la même extrémité, intérieur à ce contour; le deuxième contour pouvant être pris aussi petit que l'on veut, puisque l'origine et l'extrémité se touchent, l'intégrale est nulle.

Cauchy appelle *résidu* de la fonction monodrome, monogène et continue $f(z)$, pour la valeur c qui rend $f(z)$ infinie, l'intégrale

$$\frac{1}{2\pi\sqrt{-1}}\int f(z)\,dz,$$

prise le long d'un contour circulaire de rayon infiniment petit, décrit du point c comme centre.

THÉORÈME II. — *Soient* $R_1, R_2, \ldots, R_n$ *les résidus de la fonction* $f(z)$ *relatifs aux infinis* $c_1, c_2, \ldots, c_n$ *de cette fonction, contenus à l'intérieur d'un contour fermé où elle reste monodrome et monogène, l'intégrale* $\int f(z)\,dz$ *prise le long de ce contour sera égale à*

$$(R_1 + R_2 + \ldots + R_n)\,2\pi\sqrt{-1}.$$

Supposons qu'il n'y ait que deux infinis dans le contour, et qu'ils soient les centres des cercles bcd, ghi; appelons en général (M) l'intégrale de $f(z)$ le long du contour désigné par M.

Le contour *abcdaefghifjka* constitue un contour fermé ne contenant pas les infinis de $f(z)$; donc (*abcdaefghifjka*) est nul. Or

$$(abcdaefghifjka) = (ab) + (bcd) + (da) + (aef) + (fg) + (ghi) + (if) + (fjka);$$

le premier membre est nul; $(ab) = -(da)$, car ce sont les mêmes intégrales dont les limites sont inversées; de même $(fg) = -(if)$ et $(fjka) + (aef)$ est l'intégrale proposée; on a donc

$$0 = (bcd) + (ghi) + \int f(z)\,dz.$$

Or (bcd) est l'intégrale prise le long d'un contour circulaire très-petit décrit autour d'un infini, z marchant

Fig. 3.

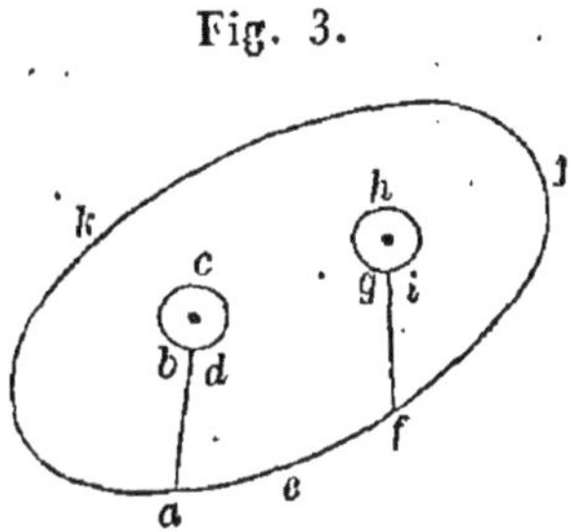

dans le sens rétrograde; cette intégrale est, au facteur près $-\frac{1}{2\pi\sqrt{-1}}$, le résidu de $f(z)$; donc

$$0 = -2\pi\sqrt{-1}\,R_1 - 2\pi\sqrt{-1}\,R_2 + \int f(z)\,dz,$$

ou

$$\int f(z)\,dz = 2\pi\sqrt{-1}\,(R_1 + R_2).$$

C. Q. F. D.

CALCUL DES RÉSIDUS.

Avant de montrer comment on calcule le résidu d'une fonction, nous allons revenir un instant sur la règle de la différentiation sous le signe $\int$. Cette règle est encore applicable quand on s'adresse à une intégrale prise entre des limites imaginaires, puisqu'une telle intégrale revient à une autre prise entre des limites réelles. Enfin cette règle est encore applicable quand la variable par rapport à laquelle on différentie est imaginaire. En effet, différentier une quantité u par rapport à $x + y\sqrt{-1}$, c'est calculer le rapport

$$\frac{\frac{du}{dx}dx + \frac{du}{dy}dy}{dx + dy\sqrt{-1}}.$$

Ce rapport est indéterminé (excepté si u est une fonction monogène), et, pour en préciser le sens, on doit donner le rapport $\frac{dy}{dx}$, ou, si l'on veut, on doit supposer x et y fonctions données $\varphi(t)$, $\psi(t)$ d'une même variable t, et se donner $\frac{dx}{dt}$ et $\frac{dy}{dt}$. On différentie alors le long de l'élément (dx, dy) appartenant à une courbe dont les équations sont $x = \varphi(t)$, $y = \psi(t)$; on a alors l'expression suivante de la dérivée de u

$$\frac{\frac{\mathrm{d}u}{\mathrm{d}x}\varphi'(t) + \frac{\mathrm{d}u}{\mathrm{d}y}\psi'(t)}{\varphi' + \psi'\sqrt{-1}}.$$

Si l'on veut alors différentier l'intégrale

$$\mathrm{V} = \int f(\mu, x + y\sqrt{-1})\, d\mu$$

par rapport à $x + y\sqrt{-1}$, on formera $\frac{\mathrm{d}u}{\mathrm{d}x}$, $\frac{\mathrm{d}u}{\mathrm{d}y}$ par la règle ordinaire, et l'on aura

$$\frac{\mathrm{dV}}{\mathrm{d}(x + y\sqrt{-1})} = \int \frac{\frac{\mathrm{d}f}{\mathrm{d}x}\varphi'(t) + \frac{\mathrm{d}f}{\mathrm{d}y}\psi'(t)}{\varphi' + \psi'\sqrt{-1}}\, d\mu,$$

ou

$$\frac{\mathrm{dV}}{\mathrm{d}(x + y\sqrt{-1})} = \int \frac{\mathrm{d}f}{\mathrm{d}(x + y\sqrt{-1})}\, d\mu,$$

et l'on voit que l'on différentie par rapport à un paramètre imaginaire comme par rapport à un paramètre réel.

Lorsque la quantité qui se trouve placée sous le signe $\int$ est monogène par rapport au paramètre, on peut raisonner encore plus simplement en faisant observer que $\frac{\mathrm{d}u}{\mathrm{d}(x + y\sqrt{-1})}$ est égal à $\frac{\mathrm{d}u}{\mathrm{d}x}$, et que différentier par rapport à $x + y\sqrt{-1}$, c'est en définitive différentier par rapport à la variable réelle x.

Cela posé, calculons d'abord le résidu de la fonction $\frac{\varphi(z)}{z-c}$, $\varphi(z)$ étant supposée finie et différente de zéro pour $z = c$; ce résidu est

(1) $$R = \frac{1}{2\pi\sqrt{-1}} \int \frac{dz \cdot \varphi(z)}{z-c},$$

et l'intégrale est prise le long d'un contour circulaire infiniment petit décrit autour du point c comme centre. Soit ε le rayon de ce contour, on pourra poser

(2) $$z = c + \varepsilon e^{\theta\sqrt{-1}},$$

et faire varier θ de 0 à 2π. En effet, la longueur de cz

Fig. 4.

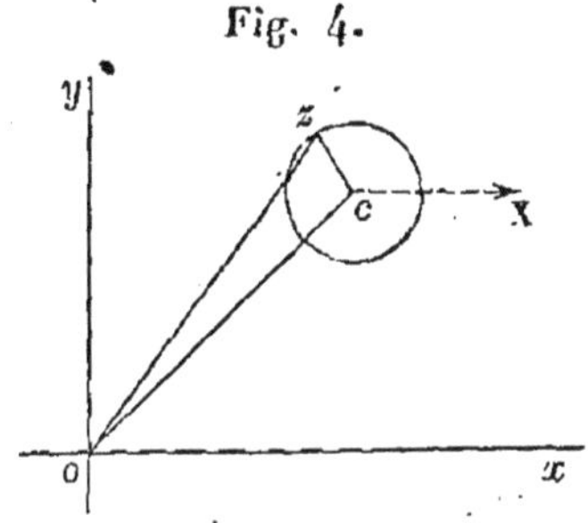

étant désignée par ε, et ε restant constant, le point z décrit le cercle de rayon ε et de centre c. L'angle θ est l'angle zcX que zc fait avec l'axe Ox, et, quand le point z décrit le cercle, θ varie évidemment de 0 à 2π. De (2), on tire

$$dz = \varepsilon e^{\theta\sqrt{-1}}\, d\theta . \sqrt{-1};$$

(1) devient alors

$$R = \frac{1}{2\pi} \int_0^{2\pi} \varphi\left(\varepsilon e^{\theta\sqrt{-1}} + c\right) d\theta.$$

Or R est indépendant de la longueur du rayon ε, qu'il faut du reste supposer infiniment petit; donc, en faisant $\varepsilon = 0$, on a

$$R = \frac{1}{2\pi} \varphi(c) \int_0^{2\pi} d\theta = \varphi(c).$$

On voit donc que, si $f(z)$ est une fonction telle que

$$(z - c) f(z),$$

pour $z = c$, soit une quantité finie différente de zéro, cette quantité sera précisément le résidu de $f(z)$ relatif à son infini c.

Reprenons la formule (1), et remplaçons R par $\varphi(c)$, nous aurons

$$\varphi(c) = \frac{1}{2\pi\sqrt{-1}} \int \frac{\varphi(z)\,dz}{z - c},$$

et, en différentiant $m - 1$ fois par rapport à c,

$$\varphi^{m-1}(c) = \frac{1}{2\pi\sqrt{-1}} \int \frac{\varphi(z)\,dz}{(z - c)^m}\, 1.2.3\ldots(m - 1);$$

on a donc

$$\frac{1}{2\pi\sqrt{-1}} \int \frac{\varphi(z)\,dz}{(z - c)^m} = \frac{\varphi^{m-1}(c)}{1.2.3\ldots(m - 1)},$$

et l'on a ainsi le résidu d'une fonction de la forme $\frac{\varphi(z)}{(z - c)^m}$, où $\varphi(z)$ est finie et différente de zéro pour $z = c$, et m entier et positif. Dans la suite, nous ne rencontrerons que des résidus de fonctions de cette forme.

APPLICATION DES PRINCIPES PRÉCÉDENTS A LA RECHERCHE DES INTÉGRALES DÉFINIES.

Proposons-nous d'abord de trouver la valeur de l'intégrale définie suivante, dans laquelle a est un nombre positif,

$$\int_0^{\infty} \frac{\sin ax}{x}\, dx.$$

A cet effet, nous prendrons l'intégrale

$$\int \frac{e^{az\sqrt{-1}}}{z}\, dz$$

le long du contour suivant formé : 1° d'une droite ga allant de $-\infty$ au point a voisin de zéro ; 2° d'un demi-cercle très-petit abc, décrit autour de l'origine avec le

Fig. 5.

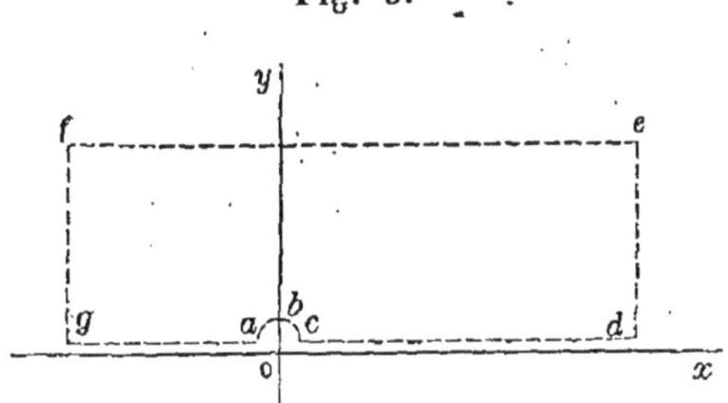

rayon r ; 3° d'une droite allant de c vers $+\infty$; 4° d'une perpendiculaire de à l'axe des y, située à l'infini ; 5° d'une parallèle ef à l'axe des x, située à l'infini ; 6° d'une perpendiculaire fg située également à l'infini ; nous aurons, en supposant a positif,

$$(ga) = \int_{-\infty}^{-r} \frac{e^{ax\sqrt{-1}}\, dx}{x},$$

$$(abc) = -\frac{1}{2} 2\pi \sqrt{-1}\,.\,\text{résidu de } \frac{e^{az\sqrt{-1}}}{z} = -\pi\sqrt{-1},$$

$$(cd) = \int_{r}^{\infty} \frac{e^{ax\sqrt{-1}}}{x}\, dx,$$

$$(de) = \int_{0}^{\infty} \frac{e^{a\sqrt{-1}(\infty + y\sqrt{-1})}\, dy}{\infty + y\sqrt{-1}} \sqrt{-1} = 0,$$

$$(ef) = (fg) = 0.$$

Le contour total d'intégration ne contenant pas d'infini de $\frac{e^{az\sqrt{-1}}}{z}$, l'intégrale prise le long de ce contour est nulle ; donc

$$\int_{-\infty}^{-r} \frac{e^{-ax\sqrt{-1}}}{x} dx - \pi\sqrt{-1} + \int_{r}^{\infty} \frac{e^{ax\sqrt{-1}}}{x} dx = 0.$$

Or la première intégrale devient

$$-\int_{r}^{\infty} \frac{e^{-ax\sqrt{-1}}\,dx}{x},$$

quand on y change x en $-x$; et par suite

$$\int_{r}^{\infty} \frac{e^{ax\sqrt{-1}} - e^{-ax\sqrt{-1}}}{x} dx = \pi\sqrt{-1},$$

ou, pour $r = 0$,

$$\int_{0}^{\infty} 2\sqrt{-1}\,\frac{\sin ax}{x} dx = \pi\sqrt{-1},$$

ou enfin

$$\int_{0}^{\infty} \frac{\sin ax}{x} dx = \frac{\pi}{2} \quad \text{et} \quad \int_{-\infty}^{+\infty} \frac{\sin ax}{x} dx = \pi.$$

La fonction

$$\int_{-\infty}^{+\infty} \frac{\sin ax}{x} dx$$

ne contient donc pas a, mais elle en dépend; en effet, en changeant le signe de a, elle change de signe; cela s'explique, car, en posant $ax = z$, on a

$$\int_{-\infty}^{+\infty} \frac{\sin ax}{x} dx = \int_{\mp\infty}^{\pm\infty} \frac{\sin z}{z} dz.$$

Si nous intégrons $\int e^{-z^2} dz$ le long de l'axe des x et d'une parallèle à cet axe située à la distance a, et si nous fermons ce contour par deux parallèles à l'axe des y situées à l'infini, nous trouverons zéro; or les intégrales relatives à ces parallèles à l'axe des y sont nulles, ce qui se voit en écrivant notre intégrale ainsi :

$$\int e^{-z^2}\,dz = \int_{-\infty}^{+\infty} e^{-x^2}\,dx + \int_0^a e^{-\infty^2+y^2-\infty y\sqrt{-1}}\,dy\,\sqrt{-1}$$

$$+\int_{\infty}^{-\infty} e^{-x^2+a^2-2ax\sqrt{-1}}\,dx$$

$$+\int_a^0 e^{-\infty^2+y^2-\infty y\sqrt{-1}}\,dy\,\sqrt{-1}\,;$$

on a donc

$$0 = \int_{-\infty}^{+\infty} e^{-x^2}\,dx - \int_{-\infty}^{+\infty} e^{-x^2+a^2-2ax\sqrt{-1}}\,dx\,;$$

on en tire

$$0 = \sqrt{\pi} - e^{a^2}\int_{-\infty}^{+\infty} e^{-x^2}\left(\cos 2ax - \sqrt{-1}\,\sin 2ax\right)dx\,;$$

d'où, séparant les parties réelles et imaginaires,

$$\sqrt{\pi}\,e^{-a^2} = \int_{-\infty}^{+\infty} e^{-x^2}\cos 2ax\,dx,$$

$$0 = \int_{-\infty}^{+\infty} e^{-x^2}\sin 2ax\,dx.$$

Si l'on veut obtenir la valeur de l'intégrale

$$\int_{-\infty}^{+\infty} \frac{\cos ax\,dx}{1+x^2},$$

on peut observer qu'elle est la partie réelle de celle-ci

$$\int_{-\infty}^{+\infty} \frac{e^{ax\sqrt{-1}}}{1+x^2}\,dx,$$

laquelle est égale à

$$\int \frac{e^{az\sqrt{-1}}\,dz}{1+z^2}.$$

prise le long de l'axe des x. Mais on peut remplacer l'axe des x par un demi-contour circulaire de rayon infini décrit de l'origine comme centre et situé au-dessus de l'axe des x. En effet, à l'intérieur de l'aire limitée par l'axe des x et ce dernier contour, la fonction intégrée reste finie et continue, pourvu que a soit positif, excepté pourtant au point $z = \sqrt{-1}$; donc la différence des deux intégrales ne sera pas nulle, mais bien égale au résidu de $\frac{e^{az\sqrt{-1}}}{1+z^2}$ relatif à $z = \sqrt{-1}$, c'est-à-dire à $\frac{e^{-a}}{2\sqrt{-1}}$ multiplié par $2\pi\sqrt{-1}$, ce qui donne πe^{-a}. Mais l'intégrale prise le long du contour demi-circulaire est nulle; pour l'évaluer, il faut prendre $z = \mathrm{R}e^{\theta\sqrt{-1}}$ et faire varier θ de π à 0, ce qui donne

$$\int_{\pi}^{0} \frac{e^{\mathrm{R}\cos\theta\sqrt{-1}-\mathrm{R}\sin\theta}}{1+\mathrm{R}^2(\cos 2\theta + \sqrt{-1}\sin 2\theta)} d\theta . \mathrm{R}e^{\theta\sqrt{-1}}\sqrt{-1}.$$

Pour $\mathrm{R} = \infty$, cette intégrale est bien nulle, et l'on a

$$\int_{-\infty}^{+\infty} \frac{\cos ax}{1+x^2} dx = \pi e^{-a}.$$

QUELQUES PROPRIÉTÉS DES FONCTIONS.

Nous avons trouvé que l'intégrale

$$\frac{1}{2\pi\sqrt{-1}} \int \frac{f(z)}{z-x} dz$$

était égale à $f(x)$, la fonction $f(z)$ étant monodrome, monogène, finie et continue autour du point x; soit donc

$$(1) \qquad \frac{1}{2\pi\sqrt{-1}} \int \frac{f(z)}{z-x} dz = f(x).$$

On voit que $f(x)$ a toujours une dérivée, car on peut ici différentier sous le signe $\int$ par rapport à x; cette dérivée en a une à son tour et ainsi de suite, ce qui est une propriété précieuse des fonctions monodromes et monogènes.

Si, dans la formule (1), on pose $z = x + re^{\theta\sqrt{-1}}$, elle devient

$$\frac{1}{2\pi}\int_0^{2\pi} f(re^{\theta\sqrt{-1}} + x)\,d\theta = f(x);$$

cette formule contient, comme l'on voit, un grand nombre d'intégrales définies. La formule (1) donne, en la différentiant,

$$\frac{1}{2\pi\sqrt{-1}}\int \frac{f(z)\,dz}{(z-x)^{n+1}} = \frac{1}{1.2.3\ldots n} f^n(x),$$

ou, en posant $z = re^{\theta\sqrt{-1}} + x$,

$$\frac{1}{2\pi}\int_0^{2\pi} f(x + re^{\theta\sqrt{-1}})\frac{d\theta}{r^n e^{n\theta\sqrt{-1}}} = \frac{1}{1.2.3..n} f^n(x).$$

En appelant alors M le maximum du module de $f(z)$ sur le cercle de rayon r décrit du point x comme centre, on a

$$\frac{1}{2\pi}\frac{M}{r^n}\int_0^{2\pi} d\theta > \text{mod.}\frac{1}{1.2..n} f^n(x),$$

ou

$$\text{mod.} f^n(x) < \frac{1.2.3\ldots n}{r^n} M,$$

ou

$$M > \frac{r^n \,\text{mod.} f^n(x)}{1.2.3\ldots n}.$$

Cette formule montre que, si toutes les dérivées de $f(x)$ ne sont pas constamment nulles, c'est-à-dire si $f(x)$ n'est pas une constante, on pourra toujours prendre r assez grand pour que M croisse au delà de toute limite; donc :

Théorème. — *Une fonction monodrome et monogène devient forcément infinie pour une valeur finie ou infinie de sa variable; donc aussi la considération de son inverse prouve qu'elle s'annule pour une valeur finie ou infinie de sa variable; donc enfin l'équation $f(x) = 0$ a nécessairement une racine.*

Reprenons les formules

$$(1) \qquad \frac{1}{2\pi\sqrt{-1}}\int\frac{f(z)\,dz}{(z-x)^{n+1}} = \frac{1}{1.2\ldots n}f^{n}(x),$$

$$(2) \qquad \frac{1}{2\pi\sqrt{-1}}\int\frac{f(z)}{z-x}\,dz = f(x);$$

la dernière peut s'écrire

$$\frac{1}{2\pi\sqrt{-1}}\left[\int\frac{f(z)}{z-a}\,dz + \int\frac{f(z)\,dz}{(z-a)^{2}}(x-a) + \ldots \right.$$
$$+ \int\frac{f(z)}{(z-a)^{n}}(x-a)^{n-1}\,dz$$
$$\left. + \int\frac{f(z)(x-a)^{n}}{(z-x)^{n+1}}\,dz\right] = f(x),$$

ou, en vertu de (1),

$$f(x) = f(a) + (x-a)f'(a) + \ldots$$
$$+ \frac{(x-a)^{n-1}f^{n-1}(a)}{1.2.3\ldots(n-1)}\,\frac{1}{2\pi\sqrt{-1}}\int\frac{f(z)(x-a)^{n}}{(z-x)^{n+1}}\,dz.$$

Ce dernier terme tend vers zéro pour $n = \infty$, pourvu que $x - a$ soit assez petit, et l'on voit que, pour $x = a$, toutes les dérivées de $f(x)$ ne sauraient être nulles, si $f(x)$ n'est pas une constante. Supposons que les $(n-1)$ premières dérivées seulement soient nulles et que la $n^{\text{ième}}$

ne le soit pas, la formule précédente se réduit à

$$f(x) = (x - a)^n \frac{1}{2\pi\sqrt{-1}} \int \frac{f(z)\,dz}{(z - x)^{n+1}};$$

le facteur de $(x-a)^n$ ne sera pas nul pour $x = a$, et l'on voit que, si $f(a)$ est nul, $f(x)$ sera de la forme

$$(x - a)^n \psi(x),$$

$\psi(x)$ restant fini pour $x = a$; donc :

Théorème. — *Une fonction monodrome et monogène n'a que des racines d'un ordre de multiplicité entier; il en est de même par suite de ses infinis.*

Voici une dernière proposition très-importante : Soit $f'(z)$ la dérivée de $f(z)$; les infinis de $\frac{f'(z)}{f(z)}$ seront simples et se réduiront aux zéros et aux infinis de $f(z)$. Soient $a_1, a_2, \ldots$ les zéros de $f(z)$ contenus dans le contour C, $\alpha_1, \alpha_2, \ldots$ les infinis contenus dans le même contour; alors

$$f(z) = \frac{(z-a_1)^{m_1}(z-a_2)^{m_2}\ldots}{(z-\alpha_1)^{n_1}(z-\alpha_2)^{n_2}\ldots}\psi(z),$$

$\psi(z)$ n'étant plus ni nul ni infini dans le contour C; prenons les logarithmes et différentions, on aura

$$\frac{f'(z)}{f(z)} = \sum \frac{m}{z-a} - \sum \frac{n}{z-\alpha} + \frac{\psi'(z)}{\psi(z)}.$$

Multiplions par $F(z)$, qui ne devient ni nul ni infini dans le contour C; nous aurons, en intégrant le long de ce contour,

$$\frac{1}{2\pi\sqrt{-1}} \int \frac{F(z)f'(z)}{f(z)}\,dz = \Sigma m\,F(a) - \Sigma n\,F(\alpha).$$

Si l'on fait $F(z) = 1$, on trouve $m - n$, c'est-à-dire la

différence entre le nombre des zéros et des infinis ; mais alors

$$\frac{1}{2\pi\sqrt{-1}}\int\frac{f'(z)}{f(z)}\,dz = \frac{1}{2\pi\sqrt{-1}}\int d\log f(z)$$

$$\frac{1}{2\pi\sqrt{-1}} = [\log f(z)] = \Sigma m - \Sigma n,$$

en désignant par $[\log f(z)]$ la quantité dont varie $\log f(z)$ le long du contour ; or

$$\log f(x) = \log \text{mod.} f(z) - \sqrt{-1}\,\arg. f(z);$$

ainsi $\Sigma m - \Sigma n$ est la quantité dont varie l'argument de $f(z)$ le long du contour C, quand le point z effectue une révolution complète le long de ce contour.

Quand on prend $F(z) = z$, on a

$$\frac{1}{2\pi\sqrt{-1}}\int\frac{f'(z)z}{f(z)}\,dz = \Sigma ma - \Sigma n\alpha.$$

THÉORÈMES DE CAUCHY ET DE LAURENT.

Nous terminerons ces considérations préliminaires en donnant, d'après Cauchy et le commandant Laurent, une nouvelle forme au théorème de Maclaurin.

Soit $f(x)$ une fonction finie continue monodrome et monogène à l'intérieur d'un cercle de rayon R *décrit de l'origine comme centre. Elle sera développable par la formule de Maclaurin pour toute valeur de x comprise à l'intérieur du cercle en question.*

En effet, si l'on décrit un cercle de rayon R′ un peu plus petit que R de l'origine comme centre, on aura, en intégrant le long de ce cercle,

$$f(x) = \frac{1}{2\pi\sqrt{-1}}\int\frac{f(z)}{z-x}\,dz,$$

pourvu que le point x soit situé dans son intérieur ; alors le module de z sera plus grand que celui de x et, $\frac{1}{z-x}$ étant développé suivant les puissances de x, on aura

$$f(x) = \frac{1}{2\pi\sqrt{-1}} \int f(z)\,dz \left(\frac{1}{z} + \frac{x}{z^2} + \frac{x^2}{z^3} + \ldots\right)$$

$$= \frac{1}{2\pi\sqrt{-1}} \left[\int \frac{f(z)}{z}\,dz + x \int \frac{f(z)}{z^2}\,dz + x^2 \int \frac{f(z)}{z^3}\,dz + \ldots \right.$$

$$\left. + x^n \int \frac{f(z)}{z^{n+1}}\,dz + \ldots \right].$$

Or on sait que

$$\frac{1}{2\pi\sqrt{-1}} \int \frac{f(z)}{z^{n+1}}\,dz = \frac{f^n(0)}{1.2.3\ldots n};$$

on aura donc

$$f(x) = f(0) + \frac{x}{1} f'(0) + \ldots + \frac{x^n}{1.2\ldots n} f^n(0) + \ldots;$$

ce qu'il fallait prouver.

Si la fonction $f(x)$ est finie, continue, monodrome et monogène à l'intérieur d'une couronne circulaire de rayons R et R', ayant son centre à l'origine, elle sera développable pour toutes les valeurs de x comprises dans cette couronne en une double série procédant suivant les puissances entières ascendantes et descendantes de x.

En effet, soit $\int_A$ un signe d'intégration indiquant que la variable reste sur un cercle de rayon A décrit de l'origine comme centre, soit r un peu plus petit que R, et r' un peu plus grand que R', la somme

$$\int_r \frac{f(z)}{z-x}\,dz - \int_{r'} \frac{f(z')}{z'-x}\,dz'$$

sera égale à l'intégrale $\int \frac{f(z)}{z-x}\,dz$ prise le long d'un cercle de rayon très-petit décrit autour du point x intérieur à la couronne; en sorte que, si l'on observe que celle-ci est égale à $2\pi\sqrt{-1}f(x)$, on aura

$$\int_r \frac{f(z)}{z-x}\,dz - \int_{r'} \frac{f(z')}{z'-x}\,dz' = 2\pi\sqrt{-1}f(x),$$

ou bien, en observant que $\text{mod.}\, z > \text{mod.}\, x$ et que $\text{mod.}\, z' < \text{mod.}\, x$,

$$\int_r f(z)\,dz\left(\frac{1}{z}+\frac{x}{z^2}+\frac{x^2}{z^3}+\ldots\right)$$
$$+\int_{r'} f(z')\,dz'\left(\frac{1}{x}+\frac{z'}{x^2}+\frac{z'^2}{x^3}+\ldots\right) = 2\pi\sqrt{-1}f(x);$$

ce qui démontre le théorème.

Exemples. — $\log(1+x)$ est développable à l'intérieur d'un cercle de rayon 1 décrit de l'origine comme centre, mais il cesse d'être développable au delà comme l'on sait, et, en effet, pour $x=-1$, le logarithme de $1+x$ est infini.

Le point critique de $(1-x)^m$ est $x=1$, c'est ce qui explique pourquoi la formule du binôme cesse d'avoir lieu quand le module de x est supérieur à l'unité, etc.

REMARQUE CONCERNANT LES FONCTIONS PÉRIODIQUES.

Une fonction $f(x)$ possède la période ω quand on a

$$f(x+\omega)=f(x)$$

et, par suite, n étant entier,

$$f(x+n\omega)=f(x).$$

$e^{\frac{2\pi}{\omega}x\sqrt{-1}}$ possède évidemment la période ω ; quand on donne une valeur particulière à $e^{\frac{2\pi x\sqrt{-1}}{\omega}}$, il en résulte pour x une série de valeurs de la forme $x_0 + n\omega$, n désignant un entier et x_0 un nombre bien déterminé. Si donc on considère une fonction $f(x)$ monodrome quelconque possédant la période ω, elle pourra être considérée comme fonction de $y = e^{\frac{2\pi\sqrt{-1}x}{\omega}}$ et, si l'on se donne y, x ayant les valeurs $x_0 + n\omega$, $f(x)$ prendra les valeurs

$$f(x_0 + n\omega) = f(x_0).$$

Ainsi, y étant donné, $f(x)$ aura une valeur unique et bien déterminée ; il en résulte que $f(x)$ est fonction monodrome de y.

Il résulte de là que *toute fonction périodique monodrome possédant la période* ω *pourra se développer suivant les puissances ascendantes et descendantes de* $e^{\frac{2\pi}{\omega}x\sqrt{-1}}$ *à l'intérieur de certaines couronnes circulaires.*

Mais quand $e^{\frac{2\pi x\sqrt{-1}}{\omega}}$ décrit un cercle, son module reste constant ; or, si l'on pose

$$x = \alpha + \beta\sqrt{-1}, \quad \omega = g + h\sqrt{-1},$$

il se réduit à

$$e^{\frac{2\pi\mu}{g^2+h^2}},$$

μ désignant une fonction linéaire de α et β, et pour que cette expression reste constante, μ doit rester constant ; x décrit donc une droite, de direction fixe d'ailleurs, quand on fait varier le module de $e^{\frac{2\pi x\sqrt{-1}}{\omega}}$. Ainsi c'est entre deux droites parallèles que le développement de $f(x)$ sera possible, l'une de ces droites ou même toutes les deux pouvant s'éloigner à l'infini.

Ce théorème nous servira à jeter les fondements de la théorie des fonctions elliptiques.

NOTIONS SUR LES FONCTIONS ALGÉBRIQUES.

Une fonction y, définie par une équation de la forme

$$f(y, x) = 0,$$

où $f(x, y)$ désigne un polynôme entier en x et y, qui n'admet pas de diviseur entier, est ce que l'on appelle une *fonction algébrique*. L'équation qui la définit est dite *irréductible*.

Une fonction ainsi définie est susceptible d'autant de valeurs pour une même valeur de x qu'il y a d'unités dans le degré de f pris relativement à y; mais ces valeurs ne peuvent pas être séparées les unes des autres et ne constituent qu'une seule et même fonction, ainsi que l'a démontré M. Puiseux.

1° Une fonction algébrique ne peut s'annuler que si le dernier terme de l'équation qui la définit s'annule, et, par suite, elle n'a qu'un nombre limité de zéros. — $\frac{1}{y}$ est défini par une équation algébrique que l'on sait former et n'admet, par suite, qu'un nombre limité de zéros; donc y n'admet qu'un nombre limité d'infinis qui sont les racines de l'équation obtenue en égalant à zéro le coefficient de la plus haute puissance de y dans l'équation qui sert à le définir.

2° Nous admettrons que y soit une fonction continue de x, excepté pour les points où y devient infini ou acquiert des valeurs telles que l'on ait à la fois

$$f(x, y) = 0, \quad \frac{df}{dy} = 0;$$

encore en ces points n'y a-t-il pas, à proprement parler, discontinuité, mais simplement indétermination d'une certaine espèce dont nous parlerons plus loin; nous donnerons à ces points le nom de *points critiques*.

Nous supposons ce théorème connu du lecteur, et, en réalité, il est supposé connu de toutes les personnes qui s'occupent de Calcul différentiel; il est impossible de prendre la dérivée d'une fonction implicite sans l'admettre.

3° La fonction algébrique y admet une dérivée bien déterminée en tout point qui n'est pas critique : cela résulte de la règle de la différentiation des fonctions implicites, et l'on a

$$\frac{dy}{dx} = -\frac{df}{dx} : \frac{df}{dy},$$

expression finie et déterminée si $\frac{df}{dy}$ n'est pas nul.

4° La fonction algébrique y est monodrome à l'intérieur de tout contour ne contenant pas de point critique. Considérons, en effet, un contour fermé C ne contenant aucun point critique; supposons que la variable x décrive un certain chemin continu à l'intérieur de C, en partant du point x_0 pour y revenir. Soient S ce chemin, y_0 la valeur de y en x_0 au départ, et y_1 la valeur que prend y quand x revient en x_0. Si l'on n'a pas $y_1 = y_0$, y_1 ne pourra être qu'une des valeurs de y. Cela posé, déformons le chemin S en le réduisant à des dimensions de plus en plus petites. Quand ce chemin se sera, dans toutes ses parties, suffisamment rapproché de x_0, les valeurs de y le long du contour S seront, en vertu de la continuité de y, aussi peu différentes que l'on voudra de y_0, et, par suite, différeront de y_1 d'une quantité finie, puisque, à l'intérieur du contour C dans lequel nous cheminons, les valeurs de y sont nettement distinctes; donc, quand le contour S sera devenu suffisamment petit, y reviendra en x_0 avec sa valeur initiale y_0. Mais, s'il n'en est pas toujours ainsi, il est clair que, pendant que le contour S se déforme, il arrive un moment où y revient encore en x_0 avec la valeur y_1 différente de y_0, tandis qu'un moment après il reviendra avec la valeur primitive y_0. Soient donc deux contours S_0 et S_1, infiniment voisins, ramenant y l'un avec la valeur y_0, l'autre avec la valeur y_1; considérons deux mobiles parcourant ces contours en restant toujours infiniment voisins l'un de l'autre : en deux points infiniment voisins, y ne pourra avoir que des valeurs infiniment peu différentes. En effet, si l'on considère, à chaque instant, la différence des valeurs de y en deux points correspondants, cette différence, d'abord infiniment petite, restera telle, car elle varie d'une manière continue comme y, et elle ne saurait devenir finie que si l'on considère deux racines distinctes de l'équation $f(x, y) = 0$; mais, pour passer d'une valeur à une autre, y serait obligé de rompre la continuité, à moins que l'on ne soit précisément dans le voisinage d'un point critique où deux valeurs distinctes de y sont susceptibles de différer infiniment peu l'une de l'autre pour une même valeur de x. Ainsi donc, y revient toujours en x_0, avec la même valeur y_0, si l'on ne sort pas du contour C. C. Q. F. D.

Discussion de la fonction $\sqrt{x - a}$.

Il est intéressant d'étudier la manière dont les fonctions algébriques permutent leurs valeurs les unes dans les autres autour des points critiques; nous renverrons, pour cet objet, le lecteur à un Mémoire de M. Puiseux, inséré au t. XV du *Journal de M. Liouville*. Il suffira, en effet, pour le but que nous avons en vue, de discuter les fonctions de la forme $\sqrt{X}$, où X représente un polynôme entier en x.

Commençons par la fonction $y = \pm\sqrt{x-a}$, dans laquelle a est une constante. Cette fonction a deux valeurs

$$+\sqrt{x-a} \quad \text{et} \quad -\sqrt{x-a},$$

en chaque point égales et de signes contraires. Nous n'avons à considérer qu'un seul point critique, le point a pour lequel les deux valeurs de y deviennent égales à zéro. La fonction y ne cesse donc d'être monodrome qu'à l'intérieur d'un contour contenant le point a.

Posons

$$x = a + re^{\theta\sqrt{-1}},$$

$re^{\theta\sqrt{-1}}$ sera représenté par la droite qui va du point a au point x (la résultante de deux droites représentant, il ne faut pas l'oublier, la somme des imaginaires représentées par ces droites); on aura

$$\sqrt{x-a} = r^{\frac{1}{2}} e^{\frac{\theta}{2}\sqrt{-1}}.$$

Si le point x décrit un contour fermé contenant le point a, la droite $re^{\theta\sqrt{-1}}$ joignant le point a au point x tournera en décrivant un angle total égal à 2π; la fonction

$$\sqrt{x-a} = r^{\frac{1}{2}} e^{\frac{\theta}{2}\sqrt{-1}}$$

reviendra alors, quand x reviendra au point de départ correspondant à $\theta = \theta_0$, avec la valeur

$$-\sqrt{x-a} = r^{\frac{1}{2}} e^{\left(\frac{\theta_0}{2}+\pi\right)\sqrt{-1}}.$$

Ainsi l'effet d'une rotation autour du point a est de changer le signe de la fonction y.

DISCUSSION DE LA FONCTION

$$\sqrt{A(x-a)(x-b)(x-c)\ldots(x-l)}.$$

Quand le point x tournera autour du point a, $\sqrt{x-a}$ changera de signe; ainsi :

Quand la variable décrira un contour fermé contenant une des quantités a, b, ..., l, la fonction reviendra au point de départ avec un changement de signe

Quand la vraiable décrira un contour fermé contenant un nombre pair de points critiques, un nombre pair de facteurs $\sqrt{x-a}$, $\sqrt{x-b}$, ... changeront de signes, et la fonction reviendra au point de départ avec sa valeur initiale; ce sera l'inverse quand le contour contiendra un nombre impair de points critiques.

Au lieu de décrire un contour formé d'un contour simple, la variable peut tourner plusieurs fois autour d'un ou de plusieurs points critiques; mais ce cas complexe ne présentera aucune difficulté et se ramènera aux précédents.

Je suppose, par exemple, un contour ayant son origine en o et présentant la forme ci-dessous : quand la

Fig. 6.

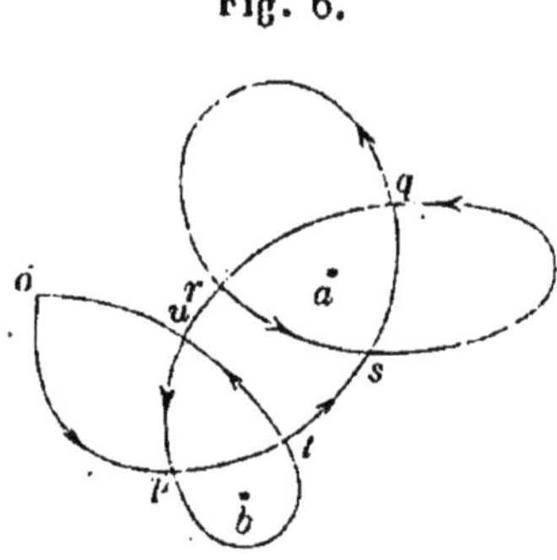

variable a suivi le chemin *opts*, la fonction arrive

en s avec une valeur que j'appellerai y_s, et quand x parcourt le chemin $sqrs$, y revient en s avec la valeur $-y_s$, en sorte que l'on pourrait supprimer la boucle $sqrs$ et partir de o avec la valeur $-y_0$; on pourrait de même supprimer la boucle $uptu$ en partant avec la valeur initiale $+y_0$; il reste alors le chemin $optsqruo$ qui contient le point a et l'on revient en o avec la valeur $-y_0$.

ÉTUDES DES PREMIÈRES TRANSCENDANTES QUE L'ON RENCONTRE DANS LE CALCUL INTÉGRAL.

Les fonctions entières s'intègrent immédiatement, les fonctions rationnelles s'intègrent en les décomposant en fractions simples : quand ces fractions simples sont de la forme $\frac{A}{(x-a)^m}$, elles s'intègrent immédiatement; quand elles sont de la forme $\frac{A}{x-a}$, elles ne s'intègrent plus au moyen de signes algébriques, ou du moins on ne sait plus les intégrer de cette façon.

On rencontre aussi des fractions de la forme

$$\frac{Mx+N}{(x^2+px+q)^n};$$

mais, en adoptant les imaginaires dans le calcul, ces fractions se réduisent à la forme $\frac{A}{(x-a)^n}$.

L'intégrale de $\frac{A}{x-a}$ est la fonction logarithmique bien étudiée dans les éléments et bien connue; on conçoit cependant que la découverte des logarithmes ait pu suivre celle du Calcul intégral, et il est intéressant de voir comment on aurait pu étudier les propriétés de la nouvelle fonction.

Et d'abord il y a lieu de se demander si l'intégrale de $\frac{A}{x-a}$ engendre réellement une fonction transcendante, ou seulement une fonction réductible aux fonctions algébriques; nous allons voir, en étudiant ses propriétés, qu'elle constitue une fonction nouvelle. D'abord, en mettant à part le facteur A constant et remplaçant $x-a$ par x, on ramène cette intégrale à la forme

$$\int \frac{dx}{x}.$$

Posons

$$\int_1^x \frac{dx}{x} = \log x,$$

le signe log étant employé pour représenter la nouvelle fonction (nous précisons notre intégrale avec la limite 1 et non zéro, afin qu'elle reste finie).

Nous pouvons prouver : 1° que $\log x$ n'est pas monodrome et par suite ne peut pas être rationnel; 2° que $\log x$ a une infinité de valeurs pour une même valeur de x, et qu'il ne saurait alors coïncider avec une fonction algébrique qui n'en a qu'un nombre limité.

Pour le prouver, observons que l'on peut aller du point 1 au point x. soit directement par le chemin $1x$

Fig. 7.

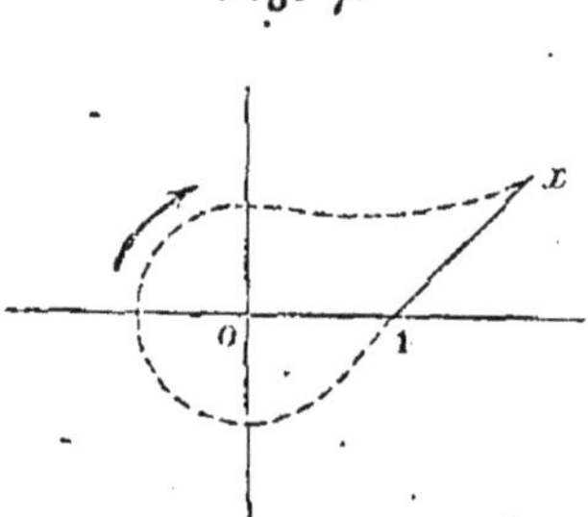

rectiligne, ce qui fournit la valeur que nous appellerons $\log x$, soit par tout autre chemin. La valeur de l'intégrale prise le long d'un chemin qui, avec $x\,1$, forme un contour fermé ne contenant pas l'origine où $\frac{1}{x}$ est infini, donnerait la même valeur $\log x$; mais si, pour aller de 1 à x, on suit un chemin qui enveloppe le point o, tel que celui qui est figuré en pointillé, l'intégrale prise le long de ce contour, augmentée de l'intégrale prise le long de $x\,1$, sera égale à l'intégrale prise le long d'un cercle de rayon très-petit décrit autour du point o; on aura donc, en se rappelant que cette dernière est égale à $\pm 2\pi\sqrt{-1}$,

$$\int \frac{dx}{x} - \log x = -2\pi\sqrt{-1};$$

Je mets $-2\pi\sqrt{-1}$, parce que l'intégrale doit être prise dans le sens rétrograde; on a donc dans ce cas

$$\int \frac{dx}{x} = \log x - 2\pi\sqrt{-1}.$$

Si, au contraire, la figure avait la disposition ci-dessous on aurait

$$\int \frac{dx}{x} = \log x + 2\pi\sqrt{-1}.$$

Fig. 8.

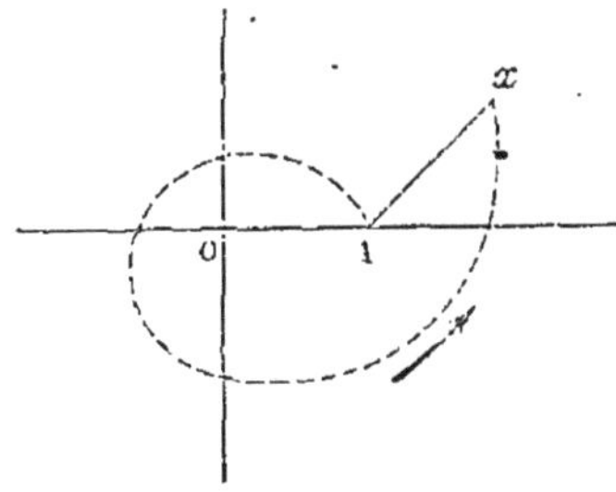

Il y a plus, si, au lieu de suivre un contour simple comme les deux précédents, on suit un contour entourant 2, 3, 4, ... fois l'origine, tel que celui ci-dessous qui l'entoure trois fois, il est clair que l'on aura

$$\int \frac{dx}{x} = \log x + 2, 4, 6 \ldots \pi \sqrt{-1};$$

Fig. 9.

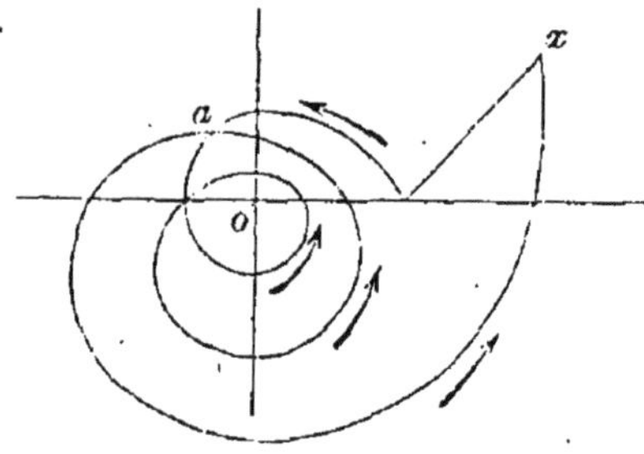

dans le cas de la figure, on a

$$\int \frac{dx}{x} = \log x + 6\pi \sqrt{-1}.$$

Ainsi la valeur générale de l'intégrale considérée est

$$\log x \pm 2k\pi \sqrt{-1},$$

k désignant un entier, et ces valeurs de $\log x$ sont inséparables les unes des autres; ainsi, quand le point x passe en a pour la seconde fois, l'intégrale y acquiert une valeur égale à la précédente augmentée de 2π, et cela en *vertu de la continuité;* en d'autres termes, on ne pourrait assigner à $\log x$ une valeur déterminée en a qu'en rompant la continuité de cette fonction.

Si l'on considère l'équation

$$\frac{dx}{x} + \frac{dy}{y} = 0,$$

on en tire d'abord

$$\int_1^x \frac{dx}{x} + \int_1^y \frac{dy}{y} = \text{const.},$$

ce que l'on peut écrire

$$(1) \qquad \log x + \log y = \log a,$$

a désignant une constante. Mais on en tire aussi

$$y\,dx + x\,dy = 0,$$

ou

$$(2) \qquad xy = b,$$

b désignant une constante. Les formules (2) devant être identiques, faisons $x = 1$; (1) donnera $\log y = \log a$ et (2) donnera $y = b$, ce qui exige que $a = b$. Des formules (1) et (2) on tire alors, en remplaçant b par a,

$$\log x + \log y = \log xy,$$

ce qui est la propriété fondamentale de la fonction logarithmique.

La fonction inverse de $\log x$ sera représentée par $e(x)$, en sorte que, si

$$y = \log x,$$

on aura

$$x = e(y);$$

la propriété fondamentale des logarithmes donne la propriété fondamentale des exponentielles

$$e(x + y) = e(x) \times e(y),$$

ce qui conduit à écrire

$$e(x) = e^x,$$

et comme l'on a

$$\log x = y + 2k\pi\sqrt{-1},$$

y désignant l'une des valeurs de $\log x$, on a

$$e^x = e^{x+2k\pi\sqrt{-1}};$$

la fonction e^x est alors périodique et a pour période

$2k\pi\sqrt{-1}$. De la formule

$$dy = \frac{dx}{x}$$

on tire

$$\frac{dx}{dy} = x.$$

y étant le logarithme de x, on voit que la dérivée de la fonction exponentielle e^y prise par rapport à y est cette fonction elle-même ; on est alors conduit à représenter e^x au moyen d'une série, et sa théorie s'achève comme dans les éléments.

On voit ainsi que la découverte de Neper eût été faite par les inventeurs du Calcul infinitésimal dès les débuts du calcul inverse.

DES DIVERS CHEMINS QUE PEUT SUIVRE LA VARIABLE DANS LA RECHERCHE DES INTÉGRALES DES FONCTIONS ALGÉBRIQUES.

Toute fonction algébrique y étant monodrome à l'intérieur d'un contour ne contenant pas de point critique, son intégrale sera nulle le long d'un pareil contour ; donc :

1° L'intégrale prise le long d'un contour quelconque x_0x pourra être remplacée par l'intégrale prise le long du contour rectiligne x_0x, si entre ce contour et le contour donné il n'existe pas de point critique.

2° Si, à l'intérieur du contour C formé par le chemin rectiligne et le chemin donné, il existe un point critique a, on pourra remplacer le chemin donné par un autre allant de x_0 vers un point α très-voisin du point critique sans sortir du contour C, tournant ensuite le long du cercle décrit de a comme centre avec αa pour rayon, revenant en α, puis en x_0 par le chemin αx_0 inverse du chemin $x_0\alpha$ suivi tout à l'heure, enfin allant par le chemin rectiligne de x_0 à x. En effet, le nouveau chemin et l'ancien ne comprennent entre eux aucun point critique.

Fig. 10.

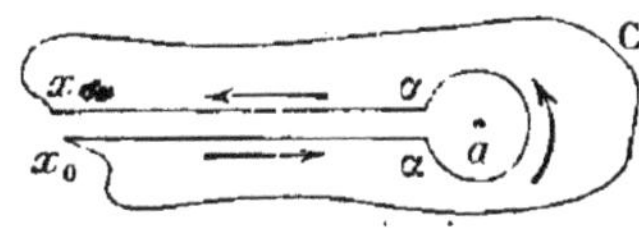

Le chemin formé d'une ligne allant de x_0 au point α voisin du point critique a, tournant autour de ce point et revenant en x_0 par la route déjà suivie pour aller de x_0, est ce que l'on appelle un *lacet*.

Nous avons figuré ci-dessus un lacet en séparant l'aller du retour pour bien montrer comment le lacet peut se substituer au contour C.

3° Si, entre le contour C formé par le chemin rectiligne et le contour donné, il existait plusieurs points critiques, on pourrait remplacer ce contour par une série de lacets suivis de la droite x_0x.

4° Supposons que le contour d'intégration donné rencontre la droite x_0x_1 en p, q.

Fig. 11.

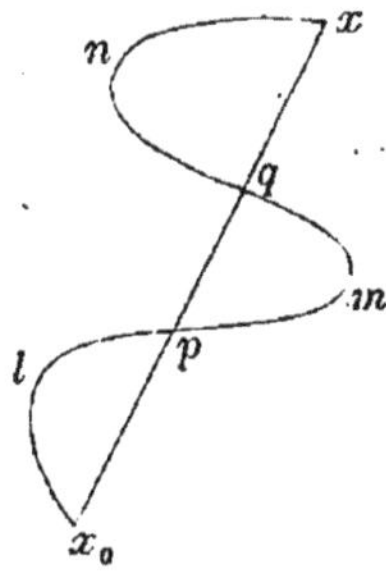

On pourra remplacer le chemin x_0lp par une série de lacets et par la droite x_0p; on est alors ramené au chemin x_0pmq, que l'on peut remplacer par une série de lacets suivis de xq, et ainsi de suite; donc :

Théorème. — *Tous les chemins que l'on peut suivre pour aller de x_0 en x peuvent être remplacés par une série de lacets ayant leurs origines et leurs extrémités en x_0, suivis du contour rectiligne x_0x* (*).

Nous dirons qu'un lacet unit deux valeurs y_i et y_j quand ces deux valeurs de y se permutent l'une dans l'autre lorsque l'on suit ce lacet.

Mais nous préciserons encore davantage : en général, en suivant un lacet, on ne permute que deux valeurs de la fonction y; toutefois il pourra se faire qu'en suivant un même lacet plusieurs fois de suite, on obtienne une permutation circulaire des valeurs $y_1, y_2, y_3, \ldots$ de y; nous considérerons comme distincts tous les lacets parcourus avec des valeurs initiales différentes de y. Ainsi, par exemple, si le point a est un point critique ordinaire, deux racines y_i et y_k se permuteront l'une dans l'autre en parcourant ce lacet; nous le supposerons double, mais seulement pour la commodité du langage, en sorte que, s'il est parcouru avec la valeur initiale y_i, nous le considérerons comme formant un premier lacet unissant y_i à y_k, et s'il est parcouru avec la valeur initiale y_k, nous le considérerons comme un second lacet distinct du premier et unissant y_k à y_i.

De même, si au point a trois valeurs y_i, y_j, y_k se permutaient entre elles, on aurait à considérer le lacet correspondant comme triple : l'un des lacets simples unirait y_i à y_j et serait parcouru avec la valeur initiale y_i, et

(*) Il va sans dire que nous supposons que le chemin rectiligne x_0x ne rencontre pas de point critique. S'il en rencontrait un, ce qui n'arrivera que dans des cas tout particuliers, il faudrait, pour l'exactitude du théorème, éviter ce point en déformant le contour rectiligne.

ainsi de suite. Ainsi, au mot *lacet* est attachée l'idée d'un chemin et l'idée d'une valeur initiale de y bien déterminée.

DES INTÉGRALES ELLIPTIQUES.

Dès les débuts du Calcul intégral, on est arrêté par des difficultés insurmontables quand on veut calculer la fonction dont la dérivée dépend d'un radical carré recouvrant un polynôme du degré supérieur au second. Cette difficulté provient de ce que la fonction cherchée dépend de nouvelles transcendantes irréductibles, comme l'a prouvé M. Liouville, aux transcendantes étudiées dans les *Éléments* ou aux fonctions algébriques. Legendre, qui soupçonnait cette irréductibilité, s'est surtout attaché à étudier les propriétés analytiques des transcendantes les plus simples auxquelles conduit le Calcul intégral, et a créé la théorie des fonctions elliptiques.

On donne le nom d'*intégrales elliptiques* à des intégrales de forme simple, auxquelles on peut ramener les intégrales de la forme

$$V = \int F(x, y)\,dx, \tag{1}$$

où $F(x, y)$ désigne une fonction rationnelle de x et de y, et où y représente un radical de la forme

$$y = \sqrt{Ax^4 + Bx^3 + Cx^2 + Dx + E},$$

A, B, C, D, E désignant des coefficients constants. Nous supposerons le polynôme placé sous le radical décomposé en facteurs, et nous aurons

$$y = \sqrt{G(x - \alpha)(x - \beta)(x - \gamma)(x - \delta)},$$

G désignant un nombre quelconque réel ou imaginaire.

On simplifie la formule (1) en posant

$$x = \frac{a + b\xi}{1 + \xi}:$$

on trouve alors

(2) $$V = \int \Phi(\xi, \eta)\, d\xi,$$

$\Phi(\xi, \eta)$ désignant une fonction rationnelle de ξ et de η, et η désignant le radical

$$y = \sqrt{G[a - \alpha + (b - \alpha)\xi][a - \beta + (b - \beta)\xi]\ldots}$$

Les puissances impaires de ξ sous le radical disparaîtront si l'on pose

$$(a - \alpha)(b - \beta) + (a - \beta)(b - \alpha) = 0,$$
$$(a - \gamma)(b - \delta) + (a - \delta)(b - \gamma) = 0;$$

d'où l'on tire

$$2ab - (a + b)(\alpha + \beta) + 2\alpha\beta = 0,$$
$$2ab - (a + b)(\gamma + \delta) + 2\gamma\delta = 0,$$

ou

$$ab = \frac{\alpha\beta(\gamma + \delta) - \gamma\delta(\alpha + \beta)}{\alpha + \beta - \gamma - \delta},$$

$$a + b = \frac{2\alpha\beta - 2\gamma\delta}{\alpha + \beta - \gamma - \delta}.$$

Ces équations montrent que a et b sont racines d'une équation du second degré facile à former. On pourra donc toujours supposer que la quantité placée sous le radical η ne contient que le carré et la quatrième puissance de la variable ξ.

Cette transformation semble tomber en défaut quand on a $\alpha + \beta - \gamma - \delta = 0$; mais alors on a

$$y = \sqrt{G[x^2 - (\alpha + \beta)x + \alpha\beta][x^2 - (\alpha + \beta)x + \gamma\delta]},$$

et il suffit de poser

$$x - \frac{\alpha + \beta}{2} = \xi$$

pour faire disparaître les puissances impaires de la variable.

Remarque I. — Il est bon d'observer que, si le produit $(x-\alpha)(x-\beta)(x-\gamma)(x-\delta)$ est réel, les quantités a et b pourront toujours être supposées réelles; en effet, la condition de réalité des racines de l'équation du second degré qui fournit a et b est

$$(\alpha\beta - \gamma\delta)^2 - [\alpha\beta(\gamma + \delta) - \gamma\delta(\alpha + \beta)]^2 > 0.$$

Le premier membre de cette égalité s'annule pour $\alpha = \gamma$, $\alpha = \delta$, $\beta = \gamma$, $\beta = \delta$, et l'on constate facilement qu'il est égal à $(\alpha - \gamma)(\alpha - \delta)(\beta - \gamma)(\beta - \delta)$. Il est donc réel si α, β, γ, δ sont réels. Il est encore réel si, ce que l'on peut supposer, α et β sont conjugués, et si γ et δ sont réels ou conjugués. Ainsi donc on peut toujours supposer a et b réels si

$$(x-\alpha)(x-\beta)(x-\gamma)(x-\delta)$$

est un polynôme à coefficients réels.

Remarque II. — Si le polynôme placé sous le radical y n'était pas décomposé en facteurs, en remplaçant x par $\frac{a + b\xi}{1 + \xi}$ et en annulant les coefficients de ξ et ξ^3 sous le radical, on obtiendrait la même simplification.

Remarque III. — Si l'on avait

$$y = \sqrt{G(x-\alpha)(x-\beta)(x-\gamma)},$$

en posant

$$x - \alpha = \xi^2,$$

on trouverait

$$V = \int \Phi(\eta, \xi)\, d\xi,$$
$$\eta = \sqrt{G(\xi^2 + \alpha - \beta)(\xi^2 + \alpha - \gamma)},$$

Φ désignant une fonction rationnelle de ξ et de η.

Ainsi toute intégrale telle que V, dans laquelle y désigne un radical carré recouvrant un polynôme du troisième ou du quatrième degré, peut être ramenée à la forme

$$V = \int \Phi(x, y)\, dx,$$

y désignant un radical de la forme

$$\sqrt{G(1 + mx^2)(1 + nx^2)},$$

m et n désignant des constantes, et il est clair qu'en posant

$$\xi = x\sqrt{-m}, \quad k^2 = -\frac{n}{m},$$

on pourra ramener le radical à la forme

$$\sqrt{(1 - x^2)(1 - k^2x^2)}.$$

Posant alors

$$y = \sqrt{(1 - x^2)(1 - k^2x^2)},$$

les intégrales que nous nous proposons d'étudier prendront la forme

$$V = \int F(x, y)\, dx,$$

F désignant toujours une fonction rationnelle. Nous verrons par la suite que la quantité k^2, à laquelle on a donné le nom de *module*, peut toujours être censée réelle et moindre que l'unité.

RÉDUCTION DES INTÉGRALES ELLIPTIQUES A DES TYPES SIMPLES.

Reprenons l'intégrale

$$(1) \qquad V = \int F(x, y)\, dx,$$

dans laquelle nous avons vu que l'on pouvait supposer

$$y = \sqrt{(1 - x^2)(1 - k^2 x^2)};$$

$F(x, y)$ peut toujours être mis sous la forme $\dfrac{\varphi(x, y)}{\psi(x, y)}$, φ et ψ désignant deux fonctions entières de x et y; mais une fonction entière de x et de y peut toujours être censée du premier degré en y, car y^2 est une fonction entière de x, y^3 est le produit de y par une fonction entière de x, etc. On peut donc poser

$$F(x, y) = \frac{A + By}{C + Dy},$$

A, B, C, D désignant des polynômes entiers en x.

Si l'on multiplie les deux termes de cette fraction par $C - Dy$, elle prend la forme

$$F(x, y) = M + Ny,$$

M et N désignant deux fonctions rationnelles de x, et comme $Ny = \dfrac{Ny^2}{y}$, on peut encore écrire

$$F(x, y) = M + \frac{P}{y},$$

P désignant une nouvelle fonction rationnelle de x; la formule (1) donne alors

$$V = \int M\, dx + \int P \frac{dx}{y}.$$

La première intégrale s'obtient par des procédés bien

connus et peut s'exprimer au moyen des logarithmes et des fonctions rationnelles. Il reste alors à étudier les intégrales de la forme

$$U = \int P \frac{dx}{y}. \tag{2}$$

Je dis que l'on peut toujours supposer qu'il n'entre dans l'expression de P que des puissances paires de x; en effet, on peut poser

$$P = \frac{H + Kx}{I + Lx},$$

H, K, I, L désignant des polynômes de degré pair en x, et, par suite, on a

$$P = \frac{(H + Kx)(I - Lx)}{I^2 - L^2x^2};$$

P peut donc être censé de la forme

$$\frac{M + Nx}{S},$$

M, N, S désignant des polynômes de degré pair. La formule (2) donne alors

$$U = \int \frac{M}{S} \frac{dx}{y} + \int \frac{N}{S} x \frac{dx}{y}.$$

La seconde intégrale, en posant $x^2 = z$, prend la forme

$$\int f(z) \frac{dz}{\sqrt{(1 - z)(1 - k^2 z)}},$$

où $f(z)$ est rationnel en z; elle pourra donc s'obtenir par les procédés enseignés dans les *Éléments du Calcul intégral.* Il ne reste donc plus qu'à s'occuper des intégrales de la forme (2), dans lesquelles P ne contient que des puissances paires de x.

La fonction P, étant décomposée en éléments simples,

se composera de termes de la forme Ax^{2m} et $\frac{A}{x^2 - a^2}$, A et a désignant des constantes, et l'intégrale U se composera elle-même de termes réductibles aux formes

$$u = \int \frac{x^{2m}}{y} dx, \quad v = \int \frac{dx}{(x^2 - a^2) y}.$$

L'intégrale u peut encore se simplifier, et l'on peut toujours supposer $m = 0$ ou $m = 1$: il suffit pour cela d'observer que l'on a

$$d\left[x^{2m-3} \sqrt{(1 - x^2)(1 - k^2 x^2)}\right] = \frac{a x^{2m} + b x^{2m-2} + c x^{2m-4}}{\sqrt{(1 - x^2)(1 - k^2 x^2)}} dx,$$

a, b, c désignant des constantes que l'on déterminera en faisant les calculs indiqués; on en conclut la formule de réduction

$$x^{2m-3} y = a \int \frac{x^{2m}}{y} dx + b \int \frac{x^{2m-2}}{y} dx + c \int \frac{x^{2m-4}}{y} dx,$$

qui permettra de calculer $\int \frac{x^{2m}}{y} dx$ de proche en proche, quand on connaîtra

$$\int \frac{dx}{y} \quad \text{et} \quad \int \frac{x^2 dx}{y};$$

il suffira pour cela d'y faire successivement

$$m = 2, 3, \ldots.$$

DES TRANSCENDANTES DE LEGENDRE ET DE JACOBI.

En définitive, les intégrales de la forme

$$\int F(x, y) dx,$$

où F désigne une fonction rationnelle de x et d'un radical carré recouvrant un polynôme du quatrième degré, peuvent se calculer au moyen des fonctions algébriques, logarithmiques, circulaires, et au moyen de trois transcendantes nouvelles :

$$\int_0^x \frac{dx}{\sqrt{(1-x^2)(1-k^2x^2)}}, \quad \int_0^x \frac{x^2dx}{\sqrt{(1-x^2)(1-k^2x^2)}},$$

$$\int \frac{dx}{(x^2-a^2)\sqrt{(1-x^2)(1-k^2x^2)}}$$

ou

$$\int \frac{dx}{(1+ax^2)\sqrt{(1-x^2)(1-k^2x^2)}}.$$

La première est, comme on le verra, la plus importante : ce sont les trois *intégrales elliptiques* de première, de deuxième et de troisième espèce.

Legendre pose $x = \sin\varphi$; les trois intégrales précédentes deviennent alors, en prenant pour limites inférieures zéro,

$$\int_0^\varphi \frac{d\varphi}{\sqrt{1-k^2\sin^2\varphi}},$$

$$\frac{1}{k^2}\int_0^\varphi \frac{d\varphi}{\sqrt{1-k^2\sin^2\varphi}} - \frac{1}{k^2}\int_0^\varphi \sqrt{1-k^2\sin^2\varphi}\,d\varphi$$

et

$$\int_0^\varphi \frac{d\varphi}{(1-a\sin^2\varphi)\sqrt{1-k^2\sin^2\varphi}};$$

la première était pour Legendre l'intégrale de première espèce, l'intégrale $\int_0^\varphi \sqrt{1-k^2\sin^2\varphi}\,d\varphi$ était l'intégrale de deuxième espèce, la troisième était l'intégrale de troisième espèce. L'intégrale de deuxième espèce représente l'arc d'ellipse exprimé en fonction de l'anomalie excentrique de son extrémité.

φ est ce que Legendre appelait l'*amplitude* des trois intégrales, k porte le nom de *module*, a est le *paramètre* de l'intégrale de troisième espèce.

Legendre, dans son *Traité des fonctions elliptiques*, étudie surtout les propriétés des trois intégrales que nous venons de signaler, et indique le moyen d'en construire des Tables. Mais Abel et Jacobi, se plaçant à un point de vue beaucoup plus élevé, ont considéré les intégrales elliptiques comme des fonctions inverses; pour bien faire saisir la pensée qui a guidé ces géomètres dans leurs recherches, nous ferons observer que les logarithmes et les fonctions circulaires inverses pourraient être définies par les formules

$$\log x = \int_1^x \frac{dx}{x}, \quad \arcsin x = \int_0^x \frac{dx}{\sqrt{1-x^2}}, \ldots,$$

et auraient certainement été étudiées avant l'exponentielle, le sinus, etc., si ces fonctions *directes* n'avaient pas été fournies par des considérations élémentaires. Le fil de l'induction devait laisser penser que l'intégrale

$$\int_0^x \frac{dx}{\sqrt{(1-x^2)(1-k^2x^2)}}$$

ne définissait pas une fonction aussi intéressante que son inverse.

ÉTUDE DE L'INTÉGRALE $\int_0^y \frac{dy}{\sqrt{(y-\alpha)(y-\beta)(y-\gamma)(y-\delta)}}$.

Avant d'étudier la fonction elliptique, il convient, pour la commodité de l'exposition, d'étudier l'intégrale un peu plus générale

$$x = \int_0^y \frac{dy}{\sqrt{(y-\alpha)(y-\beta)(y-\gamma)(y-\delta)}};$$

x est une fonction évidemment continue de y, tant que y n'est égal à aucune des quantités α, β, γ, δ, ∞, et réciproquement y sera une fonction continue de x; et, lors même que y passe par la valeur α par exemple, x reste continu. En effet, posant $x = f(y)$, on a

$$f(\alpha) = \int_0^{\alpha} \frac{dy}{\sqrt{y-\alpha}} \frac{1}{\sqrt{(y-\beta)(y-\gamma)(y-\delta)}} :$$

cette expression est finie comme l'on sait; on a aussi

$$f(\alpha+h) = \int_0^{\alpha+h} \frac{dy}{\sqrt{y-\alpha}} \frac{1}{\sqrt{(y-\beta)(y-\gamma)(y-\delta)}},$$

et, par suite,

$$\begin{aligned} & f(\alpha+h) - f(\alpha) \\ & = \int_{\alpha}^{\alpha+h} \frac{dy}{\sqrt{y-\alpha}} \frac{1}{\sqrt{(y-\beta)(y-\gamma)(y-\delta)}}; \end{aligned}$$

soient M une quantité dont le module reste supérieur à celui de $\frac{1}{\sqrt{(y-\beta)(y-\gamma)(y-\delta)}}$, ε une quantité dont le module est au plus égal à 1, on aura

$$f(\alpha+h) - f(\alpha) = \mathrm{M}\varepsilon \int_{\alpha}^{\alpha+h} \frac{dy}{\sqrt{y-\alpha}} = 2\,\mathrm{M}\varepsilon(\sqrt{\alpha+h} - \sqrt{\alpha});$$

cette quantité est bien infiniment petite. Ainsi :

THÉORÈME I. — *La fonction x et, par suite, son inverse y sont continues, excepté quand y ou x sont infinis.*

Pour préciser le sens de la fonction x, il faut supposer que, pour $y = 0$, le radical ait une valeur déterminée, que nous représenterons par $+\sqrt{\alpha\beta\gamma\delta}$, et quand je dis que, pour $y = 0$, le radical a cette valeur, j'entends par là que l'intégrale est engendrée avec la valeur $+\sqrt{\alpha\beta\gamma\delta}$ qui pourra prendre au point o la valeur $-\sqrt{\alpha\beta\gamma\delta}$ quand la variable y reviendra en ce point. Cela posé,

Théorème II. — *La fonction y admet deux périodes.*

En effet, les contours que l'on peut suivre pour engendrer l'intégrale x peuvent se ramener : 1° au contour rectiligne oy; 2° à ce contour précédé de contours fermés aboutissant en o et formés de lacets.

Soient A, B, C, D les valeurs que prend l'intégrale autour des lacets relatifs aux points α, β, γ, δ.

Appelons i la valeur que prend l'intégrale x quand le chemin que suit la variable y est le contour rectiligne oy; x pourra prendre les valeurs suivantes : 1° la valeur i; 2° les valeurs $A - i$, $B - i$, $C - i$, $D - i$ (*).

En effet, par exemple, la variable y parcourant d'abord le lacet A dans le sens direct ou dans le sens rétrograde, x prend la valeur A, le radical revient en o avec sa valeur primitive changée de signe, la variable décrivant ensuite le chemin oy, l'intégrale prend le long de ce chemin la valeur $-i$, et l'intégrale totale se réduit à $A - i$.

3° En général, quel que soit le sens dans lequel on parcourt un lacet, la valeur de l'intégrale ne dépend que du signe du radical à l'entrée du lacet, et ce signe change à la sortie du lacet; il en résulte que, si la valeur initiale du radical est précédée du signe +, la valeur générale de x sera

$$A - B + C - D + \ldots \pm i,$$

(*) L'intégrale le long d'un lacet est facile à calculer; supposons qu'il s'agisse du lacet relatif au point α, elle se composera de l'intégrale rectiligne $O\alpha$, de l'intégrale prise le long du chemin circulaire décrit autour de α, intégrale nulle, et de l'intégrale rectiligne αO, laquelle est égale à $O\alpha$ parce qu'elle est parcourue en sens inverse de $O\alpha$ et avec le signe — placé devant le radical. Ainsi $A = 2(O\alpha)$; le radical, en effet, change de signe quand le point y tourne autour de α.

le signe de i étant $+$ s'il est précédé d'un nombre pair de termes, — s'il est précédé d'un nombre impair de termes; de sorte que, si l'on pose

$$P = m_1(A - B) + m_2(A - C) + m_3(A - D) + m_4(B - C) + m_5(B - D) + m_6(C - D),$$

$m_1, m_2, \ldots, m_6$ étant des entiers positifs ou négatifs, les valeurs de x seront de la forme

$$(3) \qquad \begin{cases} P + i, \quad P + A - i, \quad P + B - i, \\ \qquad P + C - i, \quad P + D - i, \end{cases}$$

que l'on peut simplifier. En effet, si l'on intègre

$$\int \frac{dy}{\sqrt{(y-\alpha)(y-\beta)(y-\gamma)(y-\delta)}}$$

le long d'un cercle de rayon infini décrit de l'origine comme centre, on obtient un résultat nul, mais cette intégrale est aussi égale à la somme des intégrales prises successivement le long des quatre lacets; donc

$$A - B + C - D = 0,$$

et si l'on pose

$$A - B = \omega, \quad B - C = \varpi,$$

on aura

$$B = A - \omega, \quad C = A - \omega - \varpi, \quad D = A - B + C = A - \varpi,$$

$$A - B = \varpi, \quad A - C = \omega + \varpi, \quad A - D = \varpi,$$

$$B - C = \varpi, \quad B - D = \varpi - \omega, \quad C - D = -\omega.$$

La quantité P est donc de la forme $m\omega + n\varpi$, et les diverses valeurs de x de la forme

$$m\omega + n\varpi + i \quad \text{ou} \quad m\omega + n\varpi + A - i.$$

Les quantités m et n désignant des entiers quelconques,

il résulte de là que, si l'on fait $y = f(x)$, on aura

$$(4)\quad f(m\omega + n\varpi + i) = f(m\omega + n\varpi + A - i) = f(i);$$

la fonction y admet donc les deux périodes ω et ϖ.

Si nous partageons le plan en une infinité de parallélogrammes, dont les côtés soient ω et ϖ, ces parallélogrammes porteront le nom de *parallélogrammes des périodes*, et nous pourrons énoncer le théorème suivant :

Théorème III. — *Dans chaque parallélogramme des périodes, la fonction y prend deux fois la même valeur pour deux valeurs distinctes de x.*

On peut démontrer directement que la fonction y est monodrome dans toute l'étendue du plan. En effet, si le point y se meut dans une portion du plan qui ne contient pas des points critiques, x reste fonction monodrome de y, et l'équation

$$(A)\quad \int_0^y \frac{dy}{\sqrt{(y-\alpha)(y-\beta)(y-\gamma)(y-\delta)}} - x = 0$$

fournit une série de valeurs de x comprises dans un certain contour C. Réciproquement, la racine y de cette équation ne pourra cesser d'être monodrome qu'autour des points où y acquerrait des valeurs multiples ou autour desquels le premier membre de l'équation cesserait d'être monodrome ou fini par rapport à y; or, la dérivée du premier membre de notre équation relative à y ne s'annule que pour $y = \infty$; les seuls points où y pourrait cesser d'être monodrome correspondent donc à $y = \alpha, \beta, \gamma, \delta$ et ∞.

Posons donc

$$y = \alpha + z^2,$$

$$\frac{dy}{dx} = 2z\frac{dz}{dx};$$

a formule (A) deviendra

$$\int_{\sqrt{\alpha}}^{z} \frac{2dz}{\sqrt{(z^2+\alpha-\beta)(z^2+\alpha-\gamma)(z^2+\alpha-\delta)}} - x = 0.$$

La fonction z ne cesse évidemment pas d'être monodrome autour du point $z=0$, et, par suite, y ne cesse pas d'être monodrome autour du point α (α, β, γ sont, bien entendu, supposés différents les uns des autres).

Si l'on veut étudier ce qui se passe autour du point $x=\xi$, pour lequel $y=\infty$, on posera

$$y=\frac{1}{z};$$

on aura alors, au lieu de la formule (A),

$$\int_{\infty}^{z} \frac{dz}{\sqrt{(1-\alpha z)(1-\beta z)(1-\gamma z)(1-\delta z)}} - x = 0,$$

et, en raisonnant comme plus haut, on voit que cette équation, pour $y=\infty$ ou pour $z=0$, ne cesse pas d'être monodrome par rapport à x.

Nous verrons plus loin une démonstration lumineuse de ces résultats, mais il était nécessaire de présenter ces considérations pour faire comprendre l'esprit qui nous guide dans nos recherches.

Notre but dans ce paragraphe était de montrer comment on pouvait être conduit à concevoir des fonctions possédant deux périodes.

ÉTUDE ET DISCUSSION DE LA FONCTION sin am x.

Considérons l'intégrale

$$(1) \qquad x=\int_{0}^{y} \frac{dy}{\sqrt{(1-y^2)(1-k^2x^2)}},$$

qui est la plus simple de celles auxquelles se ramènent

les intégrales que nous avons considérées plus haut. Legendre posait

$$y = \sin\varphi,$$

il obtenait alors la relation

$$x = \int_0^{\varphi} \frac{d\varphi}{\sqrt{1 - k^2 \sin^2\varphi}};$$

φ était ce qu'il appelait l'amplitude de l'intégrale x. Alors, en posant $\varphi = \operatorname{am} x$, on a

$$y = \sin \operatorname{am} x;$$

le nom de $\sin \operatorname{am} x$ est resté à y considéré comme fonction de x. Nous adopterons la notation de Gudermann, plus simple que la précédente, due à Jacobi, et nous aurons

$$\begin{aligned} y &= \sin \operatorname{am} x = \operatorname{sn} x, \\ \sqrt{1 - y^2} &= \cos \operatorname{am} x = \operatorname{cn} x, \\ \sqrt{1 - k^2 y^2} &= \operatorname{dn} x, \\ \frac{y}{\sqrt{1 - y^2}} &= \operatorname{tang} \operatorname{am} x = \operatorname{tn} x. \end{aligned}$$

Nous reviendrons d'ailleurs sur ces formules pour en préciser le sens et déterminer le signe qui convient à chaque radical. Dans ce qui va suivre, k sera quelconque, mais, dans la pratique, k sera généralement réel et moindre que l'unité.

D'après ce qu'on a vu au paragraphe précédent :

1° La fonction $\operatorname{sn} x$ sera continue, monodrome et monogène dans toute l'étendue du plan.

2° Elle possédera deux périodes, l'une

$$2\int_0^1 \frac{dy}{\sqrt{(1 - y^2)(1 - k^2 y^2)}} - 2\int_0^{-1} \frac{dy}{\sqrt{(1 - y^2)(1 - k^2 y^2)}},$$

correspondant aux deux lacets successifs et relatifs aux points critiques -1 et $+1$. Nous l'appellerons $4K$;

nous observerons qu'elle est réelle quand k est réel, et d'ailleurs moindre que l'unité en valeur absolue,

$$\mathrm{K} = \int_0^1 \frac{dy}{\sqrt{(1-y^2)(1-k^2y^2)}};$$

l'autre période est

$$2\int_0^1 \frac{dy}{\Delta} - 2\int_0^{\frac{1}{k}} \frac{dy}{\Delta},$$

Δ désignant, pour abréger, le radical; on peut la représenter par $2\mathrm{K}'\sqrt{-1}$, en posant

$$\mathrm{K}'\sqrt{-1} = \int_1^{\frac{1}{k}} \frac{dy}{\Delta}.$$

Si l'on fait

$$k^2 + k'^2 = 1, \quad 1 - k^2y^2 = k'^2 t^2.$$

on trouve

$$\mathrm{K}' = \int_0^1 \frac{dt}{\sqrt{(1-t^2)(1-k'^2t^2)}},$$

k est ce que l'on appelle le *module*,
k' est le *module complémentaire*,
K est l'*intégrale complète*,
K' est l'*intégrale complète complémentaire*.

Ainsi les côtés du parallélogramme des périodes sont $4\mathrm{K}$ et $2\mathrm{K}'\sqrt{-1}$.

3° La fonction $\mathrm{sn}\,x$ passe deux fois par la même valeur dans le parallélogramme, et, d'après la discussion faite au paragraphe précédent,

$$\mathrm{sn}(2\mathrm{K} - x) = \mathrm{sn}\,x.$$

4° La fonction $\mathrm{sn}\,x$ s'annule en particulier deux fois dans chaque parallélogramme, et comme on a évidemment $\operatorname{sn} 0 = 0$, les zéros de $\operatorname{sn} x$ sont donnés par les formules 0 et $2K$, ou, plus généralement,

$$\left.\begin{array}{l} 4Km + 2K'n\sqrt{-1} \\ 2(2m+1)K + 2K'n\sqrt{-1} \end{array}\right\} \text{ ou } \quad 2Km + 2K'n\sqrt{-1}.$$

5° Cherchons les infinis de $\operatorname{sn} x$. L'un d'eux sera donné par la formule

$$\alpha = \int_0^{\infty} \frac{dy}{\Delta} \quad \text{ou} \quad 2\alpha = \int_{-\infty}^{+\infty} \frac{dy}{\Delta},$$

et l'on peut supposer que le contour d'intégration soit rectiligne en laissant d'un même côté de lui-même les points critiques $+1$ et $+\frac{1}{k}$, et, de l'autre côté, -1 et $-\frac{1}{k}$; mais un tel contour peut être remplacé par un demi-cercle de rayon infini décrit sur lui-même comme diamètre, à la condition d'y adjoindre les deux lacets relatifs aux points critiques. Or le contour circulaire donne une intégrale nulle; on a donc

$$2\alpha = \int_{-\infty}^{+\infty} \frac{dy}{\Delta} = 2\int_1^{\frac{1}{k}} \frac{dy}{\Delta} = 2K'\sqrt{-1},$$

et, par suite,

$$\alpha = K'\sqrt{-1}.$$

Ainsi l'un des infinis de $\operatorname{sn} x$ est $K'\sqrt{-1}$, et, comme $\operatorname{sn}(2K - x) = \operatorname{sn} x$, un autre infini sera $2K - K'\sqrt{-1}$. En général, les infinis de $\operatorname{sn} x$ seront

$$\left.\begin{array}{l} 4mK + (2n+1)K'\sqrt{-1} \\ 2(2m+1)K + (2n+1)K'\sqrt{-1} \end{array}\right\} \text{ ou } \quad 2Km + (2n+1)K'\sqrt{-1}.$$

6° On a, comme il est facile de le voir,

$$\operatorname{sn} x = -\operatorname{sn}(-x).$$

7° $\operatorname{sn} K'\sqrt{-1}$ étant infini, posons, dans l'équation

$$\frac{dy}{dx} = \sqrt{(1-y^2)(1-k^2y^2)},$$

$y = \frac{1}{kz}$, $x = K'\sqrt{-1} + t$: nous aurons

$$\frac{dz}{dt} = \mp\sqrt{(1-z^2)(1-k^2z^2)};$$

d'où nous concluons, z s'annulant avec t,

$$z = \pm \operatorname{sn} t = \pm \operatorname{sn}(-K'\sqrt{-1} + x) = \pm \operatorname{sn}(K'\sqrt{-1} + x),$$

et, par suite,

$$\operatorname{sn}(K'\sqrt{-1} + x) = \frac{\pm 1}{k \operatorname{sn} x},$$

d'où l'on tire

$$\operatorname{sn} K'\sqrt{-1} = \infty.$$

8° Enfin l'on a

$$\operatorname{sn}(K) = 1, \quad \operatorname{sn}(K + K'\sqrt{-1}) = \frac{1}{k}.$$

SUR LES FONCTIONS DOUBLEMENT PÉRIODIQUES.

La discussion faite au paragraphe précédent nous a révélé l'existence de fonctions monodromes et monogènes possédant deux périodes. Ces fonctions (et les fonctions elliptiques sont les plus simples d'entre elles) jouissent de propriétés communes qui peuvent en simplifier l'étude; nous commencerons par faire connaître ces propriétés.

Sans doute une bonne partie de la théorie des fonctions elliptiques pourrait être faite, et même a été édifiée avant la découverte, toute récente, de ces propriétés; mais leur connaissance explique bien des méthodes d'investigation qui pourraient, sans cela, être regardées comme des artifices de calcul heureux, mais peu propres à éclairer sur la méthode d'invention.

Théorème I. — *Il n'existe pas de fonction monodrome et monogène possédant deux périodes réelles et distinctes.*

En effet, si la fonction $f(x)$ possédait les deux périodes ω et ϖ, on aurait

$$f(x+m\omega+n\varpi)=f(x),$$

m et n désignant deux entiers quelconques. Or, si ω et ϖ sont commensurables, soit α leur plus grande commune mesure et

$$\omega=k\alpha,\quad \varpi=l\alpha.$$

Si l'on pose

$$mk+nl=1,$$

cette équation aura toujours une solution, car k et l peuvent être censés premiers entre eux. On aura donc

$$mk\alpha+nl\alpha=\alpha \quad \text{ou} \quad m\omega+n\varpi=\alpha,$$

par suite

$$f(x+\alpha)=f(x);$$

α serait donc une période et ω et ϖ seraient ses multiples. Si ω et ϖ sont incommensurables, on pourra toujours satisfaire à la formule

$$m\omega+n\varpi=\varepsilon,$$

où ε est très-petit. Il suffit, en effet, pour cela, de réduire $\frac{\varpi}{\omega}$ en fraction continue : soit $\frac{p}{q}$ une réduite quelconque, $\frac{p'}{q'}$ la réduite suivante; $\frac{\varpi}{\omega}$ sera compris entre ces deux réduites dont la différence $\frac{1}{qq'}$ tend vers zéro. On pourra donc poser

$$\frac{\varpi}{\omega} = \frac{p}{q} + \frac{\theta}{qq'}$$

et

$$m\omega + n\varpi = \omega\left[m + n\frac{p}{q} + n\frac{\theta}{qq'}\right] = \omega\left[\frac{mq + np}{q} + \frac{n\theta}{qq'}\right].$$

Or on peut, en supposant $\frac{p}{q}$ irréductible (ce qui a lieu pour les réduites d'une fraction continue), prendre $mq + np = 1$; mais m et n sont le numérateur et le dénominateur de la réduite qui précède $\frac{p}{q}$; donc $\frac{n}{q'} < 1$ et $m\omega + n\varpi$ se réduit à une quantité moindre que $\frac{2\omega}{q}$, c'est-à-dire aussi petite que l'on veut ε. On aurait donc

$$f(x+\varepsilon) = f(x) \quad \text{ou} \quad f(x+\varepsilon) - f(x) = 0,$$

ε étant aussi petit que l'on veut. La fonction

$$f(x+\varepsilon) - f(x) = 0$$

admettrait donc une infinité de racines $\varepsilon, 2\varepsilon, 3\varepsilon, \ldots$ dans un espace fini du plan; l'intégrale

$$\frac{1}{2\pi\sqrt{-1}}\int\frac{f'(x+z)}{f(x+z) - f(x)}\,dz$$

serait donc infinie, ce qui est absurde. Il est évident que deux périodes dont le rapport est réel ne peuvent pas coexister non plus. En effet, soit r le rapport des périodes; on pourra poser

$$\omega = r\varpi,$$

et l'on aura

$$f(x+\omega) = f(x), \quad f(x + r\omega) = f(x)$$

ou

$$F\left(\frac{x}{\omega}+1\right)=F\left(\frac{x}{\omega}\right),\quad F\left(\frac{x}{\omega}+r\right)=F\left(\frac{x}{\omega}\right),$$

en désignant par $F\left(\frac{x}{\omega}\right)$ la fonction $f(x)$; x étant quelconque, on aurait

$$F(x+1)=F(x),\quad F(x+r)=F(x),$$

et la fonction F aurait les périodes réelles 1 et r.

Théorème II. — *Une fonction monodrome, monogène et continue ne saurait avoir plus de deux périodes.*

En effet, soient $a+b\sqrt{-1}$, $a'+b'\sqrt{-1}$, $a''+b''\sqrt{-1}$ trois périodes de la fonction $f(x)$, s'il est possible. Je dis que l'on pourra toujours trouver trois entiers m, m', m'', tels que l'on ait

$$a'''=ma+m'a'+m''a''<\varepsilon,$$
$$b'''=mb+m'b'+m''b''<\varepsilon,$$

ε étant un nombre si petit que l'on voudra. En effet, considérons la quantité

$$a'''b''-b'''a''=m(ab''-ba'')+m'(a'b''-b'a'');$$

on pourra toujours, comme on l'a vu dans la démonstration du théorème précédent, choisir m et m' de telle sorte que $a'''b''-b'''a''$ soit moindre qu'une quantité donnée, et même de telle sorte que l'on ait

$$a'''-b'''\frac{a''}{b''}\quad\text{ou}\quad m\frac{ab''-ba''}{b''}+m'\frac{a'b''-b'a''}{b''}<\delta,$$

c'est-à-dire en valeur absolue

$$(1)\qquad a'''<\delta+b'''\frac{a''}{b''}:$$

mais m et m' ayant été ainsi déterminés, on pourra toujours choisir m'' de telle sorte que l'on ait en valeur absolue

$$\frac{b'''}{b''} \quad \text{ou} \quad \frac{mb}{b''} + m'\frac{b'}{b''} + m'' < \frac{1}{2},$$

et, par conséquent,

$$(2) \qquad \frac{b'''a''}{b''} < \frac{1}{2}a''.$$

On pourra donc, en vertu de (1), prendre

$$a''' < \delta + \frac{(a'')}{2},$$

(a'') désignant la valeur absolue de a'', ou, en définitive, prendre $a''' \leq \frac{(a'')}{2}$. Or, de (2), on tire $b''' < \frac{(b'')}{2}$; ainsi on pourra prendre a''' et b''' moindres en valeur absolue que les demi-valeurs absolues de a'' et b'''. Cela étant, considérons les quantités

$$a^{\text{iv}} = n'a' + n''a'' + n'''a''',$$
$$b^{\text{iv}} = n'b' + n''b'' + n'''b''';$$

on pourra choisir les entiers n', n'', n''' de telle sorte que l'on ait en valeur absolue $a^{\text{iv}} < \frac{a'''}{2}$, $b^{\text{iv}} < \frac{b'''}{2}$. On pourra déterminer d'une façon analogue des nombres $a^{\text{v}} < \frac{a^{\text{iv}}}{2}$, $b^{\text{v}} < \frac{b^{\text{iv}}}{2}$, et ainsi de suite; mais a''', a^{iv}, a^{v}, ... sont des fonctions linéaires à coefficients entiers de a, a', a''; de même b''', b^{iv}, b^{v}, ... sont des fonctions linéaires à coefficients entiers de b, b', b''; ces fonctions linéaires vont en décroissant, au moins aussi rapidement que les termes de la progression géométrique de raison $\frac{1}{2}$; donc elles peuvent être prises moindres que toute quantité donnée.

C. Q. F. D.

Si donc la fonction $f(x)$ admettait les trois périodes $a+b\sqrt{-1}$, $a'+b'\sqrt{-1}$, $a''+b''\sqrt{-1}$, elle admettrait une période $a^{(i)}+b^{(i)}\sqrt{-1}$ de module aussi petit que l'on voudrait; $f(x+\varepsilon)-f(x)=0$ aurait donc une infinité de racines dans un espace limité, ce qui est absurde. Il n'y aurait d'exception à cette conclusion que si l'un des nombres a_i et son correspondant b_i s'annulaient rigoureusement. Mais alors, en appelant ω, ω', ω'', pour abréger, les trois périodes et en désignant par m, m', m'' trois entiers, on aurait

$$(1)\qquad m\omega+m'\omega'+m''\omega''=0.$$

Soient m'_1 le plus grand commun diviseur de m et m', et μ, μ' les quotients de m et m' par m'_1; si l'on pose

$$\mu\omega+\mu'\omega'=\omega'_1,$$
$$n\omega+n'\omega'=\omega_1,$$

on pourra toujours choisir n et n' de telle sorte que le déterminant $\mu n'-n\mu'$ soit égal à 1 pour des valeurs entières de n et n'; alors ω et ω' s'exprimeront en fonctions linéaires de ω'_1 et ω_1, à coefficients entiers. On aura ensuite, au lieu de (1),

$$m'_1\omega'_1+m''\omega''=0.$$

Divisant les deux membres de cette formule par le plus grand commun diviseur de m'_1 et de m'', elle prend la forme

$$\mu'_1\omega'_1+\mu''\omega''=0,$$

et si l'on prend $n'_1\mu''-n''\mu'_1=1$, ce qui est possible, et si l'on pose

$$n'_1\omega'_1+n''\omega''=\omega''_2,$$

ω'_1 et ω'' seront des multiples de ω''_2. En résumé, ω et ω' sont fonctions linéaires et à coefficients entiers de ω'_1 et de ω_1, c'est-à-dire de ω''_2 et de ω_1. Il en est de même de ω''; nos trois périodes se réduisent donc à deux de la forme $p\omega''_2 + q\omega'_1$, p et q désignant des entiers.

THÉORÈME DE M. HERMITE.

Théorème. — *L'intégrale d'une fonction doublement périodique prise le long d'un parallélogramme de périodes est nulle.*

Ce théorème, ou plutôt cette remarque fondamentale, est due à M. Hermite : elle est presque évidente. En effet, le long de deux côtés opposés, la fonction prend les mêmes valeurs, mais la différentielle de la variable y prend des valeurs égales et de signes contraires; la somme des intégrales prises le long des côtés opposés est donc nulle, et il en est de même de l'intégrale totale.

Première conséquence. — Une fonction doublement périodique s'annule au moins une fois et devient infinie au moins une fois dans chaque parallélogramme des périodes, car sans quoi elle ne deviendrait jamais ni nulle ni infinie; mais le théorème de M. Hermite nous apprend que dans chaque parallélogramme il y a au moins deux infinis et deux zéros.

En effet, si dans un parallélogramme il n'y avait qu'un infini, l'intégrale prise le long du parallélogramme serait égale au résidu relatif à cet infini multiplié par $2\pi\sqrt{-1}$. Or ce résidu ne saurait être nul; donc il ne saurait y avoir un seul infini dans le parallélogramme : il ne saurait non plus y avoir un seul zéro, car la fonction inverse n'aurait qu'un seul infini.

Deuxième conséquence. — *Dans chaque parallélogramme, il y a autant de zéros que d'infinis.*

En effet, soit $f(z)$ une fonction à deux périodes, $\frac{1}{2\pi\sqrt{-1}}\frac{f'(z)}{f(z)}$ aura les mêmes périodes; en l'intégrant le long d'un parallélogramme, on doit trouver zéro, où la différence entre le nombre des zéros et des infinis de $f(z)$: cette différence est donc nulle.

Troisième conséquence. — En intégrant

$$\frac{1}{2\pi\sqrt{-1}}\,\frac{zf'(z)}{f(z)}$$

le long du parallélogramme des périodes, et en appelant ω et ϖ les périodes, on trouve la différence entre la somme des zéros et celle des infinis contenus dans ce parallélogramme; elle est

$$\frac{1}{2\pi\sqrt{-1}}\left[-\omega\int\frac{f'(z)}{f(z)}\,dz+\varpi\int\frac{f'(z)}{f(z)}\,dz\right].$$

La première intégrale est prise le long de la période ϖ, et la seconde le long de la période ω; en effectuant, on a

$$\frac{1}{2\pi\sqrt{-1}}\left[-\omega\log\frac{f(z+\varpi)}{f(z)}+\varpi\log\frac{f(z+\omega)}{f(z)}\right]$$

ou

$$\frac{1}{2\pi\sqrt{-1}}[\varpi\log 1-\omega\log 1]=m\varpi+n\omega;$$

cette quantité est une période.

Quatrième conséquence. — *Une fonction doublement périodique, qui admet n infinis, ou, ce qui revient au même, n zéros dans un parallélogramme de périodes, passe aussi n fois par la même valeur a à l'intérieur de ce parallélogramme.*

En effet, soit $f(x)$ une telle fonction, $f(x)-a$ aura aussi n infinis et, par suite, n zéros; donc $f(x)$ passe n fois par la valeur a.

Une fonction doublement périodique qui possède

n infinis dans un parallélogramme élémentaire est dite *d'ordre n*.

La somme des valeurs de la variable x, pour lesquelles $f(x)$ prend la même valeur, est constante à des multiples des périodes près; en effet, d'après ce que l'on a vu (troisième conséquence), $f(z) - a$ est nul pour n valeurs de z qui, à un multiple des périodes près, ont une somme égale à celle des infinis de $f(x)$.

Il n'y a pas de fonctions du premier ordre, puisque toute fonction à deux périodes a au moins deux infinis dans chaque parallélogramme élémentaire, et les fonctions doublement périodiques les plus simples sont au moins du second ordre.

Nous allons maintenant essayer d'établir directement l'existence des fonctions monodromes, monogènes, continues et doublement périodiques.

REMARQUES RELATIVES AUX PRODUITS INFINIS.

Nous allons bientôt avoir à considérer des produits de la forme

$$\varphi(x) = \prod_{m=-\infty}^{m=+\infty} \prod_{n=-\infty}^{n=+\infty} \left(1 + \frac{x}{a + m\omega + n\omega'}\right),$$

et il est bon de montrer dès à présent que la valeur du produit en question dépend de la manière dont on l'effectue, c'est-à-dire, en définitive, de l'ordre des facteurs.

Considérons, en effet, m et n comme les coordonnées d'un point, et faisons le produit de tous les facteurs correspondant à des valeurs de m et n intérieures à une courbe C_1 et de tous les facteurs correspondant à des valeurs de m et n intérieures à une courbe C_2. Soient P_1

et P_2 les produits, on aura

$$\frac{P_1}{P_2} = \prod\left(1 + \frac{x}{a + m\omega + n\omega'}\right),$$

m et n désignant les valeurs entières comprises entre les deux contours C_1 et C_2. On en tire

$$\begin{aligned}\log P_1 - \log P_2 \\ &= \Sigma \log\left(1 + \frac{x}{a + m\omega + n\omega'}\right) \\ &= x\sum\frac{1}{a + m\omega + n\omega'} - \frac{x^2}{2}\sum\left(\frac{1}{a + m\omega + n\omega'}\right)^2 + \ldots.\end{aligned}$$

On voit que $\log P_1 - \log P_2$ peut être infini ; mais il peut aussi être fini : c'est ce qui arrivera quand $\sum\frac{1}{a + m\omega + n\omega'}$ sera fini. C'est ce qui arrivera encore lorsque, $\sum\frac{1}{a + m\omega + n\omega'}$ étant nul, parce que les deux contours ont pour centre l'origine, $\sum\frac{1}{(a + m\omega + n\omega')^2}$ ne sera pas nul : ce cas remarquable a été examiné par M. Cayley. En désignant par A la valeur de cette somme, on aura, en négligeant des termes infiniment petits,

$$\log P_1 - \log P_2 = -\frac{Ax^2}{2},$$

et, par suite,

$$\frac{P_1}{P_2} = e^{-\frac{Ax^2}{2}}.$$

L'ordre dans lequel on effectue le produit, même en prenant autant de termes positifs que de termes négatifs dans chaque produit partiel, peut influer sur le résultat en introduisant une exponentielle de la forme $e^{-\frac{Ax^2}{2}}$;

c'est ce qui nous permettra d'expliquer un paradoxe que nous rencontrerons plus loin.

SUR LES FONCTIONS AUXILIAIRES DE JACOBI.

Essayons maintenant de former directement une fonction monodrome et monogène admettant les périodes $4K$ et $2K'\sqrt{-1}$ de $\operatorname{sn}x$. Si l'on observe que l'on a

$$\sin x = x\left(1-\frac{x^2}{\pi^2}\right)\left(1-\frac{x^2}{4\pi^2}\right)\cdots,$$

ou

$$\sin x = \lim \prod_{-n}^{+n}\left(1-\frac{x}{n\pi}\right) \quad \text{pour } n=\infty,$$

en supposant $1-\dfrac{x}{0\pi}$ remplacé par x, on sera tenté de poser

$$\operatorname{sn} x = \frac{\prod\left(1-\dfrac{x}{2Km+2K'n\sqrt{-1}}\right)}{\prod\left[1-\dfrac{x}{2Km+(2n+1)K'\sqrt{-1}}\right]},$$

en remplaçant $1-\dfrac{x}{2K0+2K'0\sqrt{-1}}$ par x, ou tout au moins y aura-t-il lieu de se demander si le second membre de cette formule ne serait pas doublement périodique. On voit d'ailleurs que ce second membre a été formé de manière à s'annuler et à devenir infini en même temps que $\operatorname{sn}x$. Malheureusement, d'après ce que l'on a vu au paragraphe précédent, les deux termes du quotient que nous considérons sont divergents, et ce quotient n'est pas bien déterminé; quoi qu'il en soit, en groupant convenablement les termes, on peut obtenir une fonction bien définie qu'il convient d'étudier.

Considérons, en particulier, le produit

$$\prod\left(1-\frac{x}{2Km+2K'n\sqrt{-1}}\right)$$

où

$$\left(1-\frac{x}{2K0+2K'0\sqrt{-1}}\right),$$

doit être remplacé par x.

En faisant d'abord varier m seul, il devient

$$\prod\frac{2Km+2K'n\sqrt{-1}-x}{2Km+2K'n\sqrt{-1}}$$

$$=\frac{2K'n\sqrt{-1}-x}{2K'n\sqrt{-1}}\prod\left(1-\frac{2K'n\sqrt{-1}-x}{2Km}\right)$$

$$:\prod\left(1-\frac{2K'n\sqrt{-1}}{2Km}\right),$$

ou, en observant que $x\prod\left(1-\frac{x}{m}\right)$ est égal à $\frac{1}{\pi}\sin\pi x$,

$$\frac{\sin\frac{2K'n\sqrt{-1}-x}{2K}\pi}{\sin\frac{2K'n\sqrt{-1}}{2K}\pi}.$$

Quand $n=0$, il faut remplacer ce produit par $\sin\frac{\pi x}{K}$, et le produit cherché peut s'écrire

$$\sin\frac{\pi x}{K}\prod\frac{\left(q^{-n}e^{-\frac{\pi x\sqrt{-1}}{2K}}-q^{n}e^{\frac{\pi x\sqrt{-1}}{2K}}\right)}{(q^{-n}-q^{n})},$$

en posant, pour abréger, $q=e^{-\pi\frac{K'}{K}}$. On peut encore écrire ce produit ainsi :

$$\sin\frac{\pi x}{K}\prod\frac{\left(e^{-\frac{\pi x\sqrt{-1}}{2K}}-q^{2n}e^{\frac{\pi x\sqrt{-1}}{2K}}\right)}{(1-q^{2n})},$$

ou, en groupant les termes correspondant à des valeurs de n égales, mais de signes contraires,

$$(1)\qquad \sin\frac{\pi x}{K}\prod\frac{1-2q^{2n}\cos\frac{\pi x}{K}+q^{4n}}{(1-q^{2n})^2}.$$

En traitant le second produit ou le dénominateur de $\operatorname{sn} x$ comme on a traité le premier, on le trouve successivement égal à

$$\prod\frac{\sin\frac{(2n+1)K'\sqrt{-1}-x}{2K}\pi}{\sin\frac{(2n+1)K'\sqrt{-1}}{2K}\pi}$$

ou

$$\prod\frac{1-2q^{2n+1}\cos\frac{\pi x}{K}+q^{2(2n+1)}}{(1-q^{2n+1})^2}.$$

Les deux résultats auxquels nous venons de parvenir sont d'ailleurs convergents si, ce que l'on peut toujours supposer, le module de q est moindre que l'unité, c'est-à-dire si la partie réelle de $\frac{K'}{K}$ est positive.

La méthode même que nous avons suivie pour former le numérateur et le dénominateur de $\operatorname{sn} x$ montre que ces termes ont des valeurs qui dépendent de l'ordre de leurs facteurs; et, en effet, si nous considérons, par exemple, le dénominateur qui, à un facteur constant près, est

$$\varphi(x)=\prod\left[1-2q^{2n+1}\cos\frac{\pi x}{K}+q^{2(2n+1)}\right],$$

il a manifestement la période $4K$ que possédait $\operatorname{sn} x$, mais il n'a pas la période $2iK'$ qu'il aurait eue en laissant d'abord m constant pour faire varier n; et il n'a certainement pas la période $2iK'$, sans quoi il serait doublement périodique sans devenir infini. Quoi qu'il en soit, il est curieux de rechercher ce que devient la fonction $\varphi(x)$ quand on change x en $x+2K'\sqrt{-1}$; on a

$$\begin{aligned}
&\varphi(x+2K'\sqrt{-1})\\
&=\prod\left[1-2q^{2n+1}\cos\pi\frac{x+2K'\sqrt{-1}}{K}+q^{2(2n+1)}\right]\\
&=\prod\left(1-q^{2n+1}e^{-\pi\frac{x+2K'\sqrt{-1}}{K}\sqrt{-1}}\right)\left(1-q^{2n+1}e^{\pi\frac{x+2K'\sqrt{-1}}{K}\sqrt{-1}}\right),\\
&=\prod\left(1-q^{2n+3}e^{-\frac{\pi x}{K}\sqrt{-1}}\right)\left(1-q^{2n-1}e^{+\frac{\pi x}{K}\sqrt{-1}}\right),
\end{aligned}$$

ou, si l'on veut,

$$\varphi(x+2K'\sqrt{-1})=\left(1-q^{-1}e^{\frac{\pi x\sqrt{-1}}{K}}\right)\varphi(x):\left(1-qe^{-\frac{\pi x\sqrt{-1}}{K}}\right),$$

c'est-à-dire

$$\text{(A)}\qquad \varphi(x+2K'\sqrt{-1})=-\varphi(x)e^{-\frac{\pi\sqrt{-1}}{K}(x+K'\sqrt{-1})}.$$

Le numérateur de la valeur de $\operatorname{sn} x$, que nous représenterons par $\theta(x)$, satisfait, comme on peut le vérifier, à la même équation; dès lors il est facile de voir que la fonction définie par le rapport $\frac{\theta(x)}{\varphi(x)}$ admet non-seulement la période $4K$ commune à θ et à φ, mais aussi la période $2K'\sqrt{-1}$. En effet, de la formule (A) et de

$$\theta(x+2K'\sqrt{-1})=-\theta(x)e^{-\frac{\pi\sqrt{-1}}{K}(x+K'\sqrt{-1})},$$

on déduit

$$\frac{\theta(x+2K'\sqrt{-1})}{\varphi(x+2K'\sqrt{-1})}=\frac{\theta(x)}{\varphi(x)}.$$

Il resterait à prouver en toute rigueur que $\operatorname{sn} x = \frac{\theta(x)}{\varphi(x)}$; c'est ce qui serait évident, si l'on pouvait admettre que $\frac{\theta(x)}{\varphi(x)}$ représente une fonction continue, monodrome et monogène. En effet, $\operatorname{sn} x$ et $\frac{\theta(x)}{\varphi(x)}$ ayant les mêmes zéros et les mêmes infinis seraient égaux à un facteur constant près, qu'il serait facile après cela de calculer. Nous ne tarderons pas à prouver que l'on a bien à un facteur constant près $\operatorname{sn} x = \frac{\theta(x)}{\varphi(x)}$; jusqu'alors nous considérerons ce fait comme très-probable.

Les fonctions telles que θ et φ sont ce que nous appellerons des fonctions elliptiques auxiliaires.

CONSIDÉRATIONS NOUVELLES SUR LES FONCTIONS AUXILIAIRES DE JACOBI.

Nous voilà conduits à étudier les fonctions auxiliaires évidemment plus simples que les fonctions doublement périodiques qu'elles engendrent; mais, sous forme de produit, elles paraissent peu maniables, et nous allons essayer de les développer en série.

En définitive, il est à peu près établi que $\operatorname{sn} x$ (et l'on verrait de même que $\operatorname{cn} x$, $\operatorname{dn} x$) peut être considéré comme quotient de deux fonctions admettant l'une ses zéros, l'autre ses infinis. Ces fonctions n'ont qu'une période, mais elles se reproduisent, à un facteur commun près, quand on augmente leur variable d'une quantité convenablement choisie et qui sera une seconde période de leur quotient.

Désignons alors par $\theta(x)$ une fonction possédant la période ω, et développable par la formule de Fourier suivant les puissances de $e^{\frac{2\pi}{\omega}\sqrt{-1}}$, partageons le plan en parallélogrammes de côtés ω et ϖ, et proposons-nous de faire en sorte que dans chaque parallélogramme la fonction θ possède μ zéros.

Le nombre μ de ces zéros devra être égal à l'intégrale de $\frac{1}{2\pi\sqrt{-1}}\frac{\theta'(x)}{\theta(x)}$, prise le long du périmètre d'un parallélogramme, et cela quel que soit le point que l'on prendra pour sommet, si l'on veut que les zéros soient régulièrement distribués dans le plan. Or la valeur que prend notre intégrale le long des côtés parallèles à ϖ est nulle, puisque la fonction, admettant la période ω, prend des valeurs égales sur ces côtés, tandis que dx y prend des valeurs égales et de signes contraires. On devra donc avoir, en intégrant seulement le long des deux autres côtés,

$$(1) \qquad \mu = \frac{1}{2\pi\sqrt{-1}}\int_a^{a+\omega}\left[\frac{\theta'(x)}{\theta(x)} - \frac{\theta'(x+\varpi)}{\theta(x+\varpi)}\right]dx,$$

et cela quel que soit x; cette équation détermine θ. On peut poser

$$(2) \qquad \frac{\theta'(x)}{\theta(x)} - \frac{\theta'(x+\varpi)}{\theta(x+\varpi)} = \alpha + \beta x + \gamma x^2 + \ldots,$$

et déterminer les coefficients indéterminés $\alpha, \beta, \gamma, \ldots$ par l'équation (1); cette équation n'en détermine qu'un seul, et nous supposerons alors, pour simplifier, $\beta = 0$, $\gamma = 0, \ldots$. La formule (1) donne alors

$$\mu = \frac{1}{2\pi\sqrt{-1}}\int_a^{a+\omega}\alpha\,dx = \frac{\alpha}{2\pi\sqrt{-1}},$$

d'où

$$\alpha = \frac{2\pi\mu\sqrt{-1}}{\omega},$$

et, en remplaçant α, β, γ, ... par leurs valeurs dans l'équation (2), on a

$$\frac{\theta'(x)}{\theta(x)} - \frac{\theta'(x+\varpi)}{\theta(x+\varpi)} = \frac{2\pi\mu\sqrt{-1}}{\omega},$$

ou, en intégrant,

$$\log \frac{\theta(x)}{\theta(x+\varpi)} = \frac{2\pi\mu\sqrt{-1}}{\omega}(x+c),$$

c désignant une constante. On en déduit

$$\theta(x+\varpi) = \theta(x)\, e^{-\frac{2\pi\sqrt{-1}}{\omega}\mu(x+c)}.$$

Ainsi il suffira d'assujettir la fonction $\theta(x)$ aux conditions

$$(3) \qquad \begin{cases} \theta(x+\omega) = \theta(x), \\ \theta(x+\varpi) = \theta(x)\, e^{-\frac{2\pi\sqrt{-1}}{\omega}\mu(x+c)}, \end{cases}$$

pour obtenir une fonction telle que nous la désirons. La première formule est satisfaite en posant

$$\theta(x) = \sum_{n=-\infty}^{n=+\infty} A_n e^{\frac{2\pi\sqrt{-1}}{\omega}nx}$$

ou

$$(4) \qquad \theta(x) = \Sigma e^{\frac{2\pi\sqrt{-1}}{\omega}[nx+\varphi(n)]}.$$

Nous allons déterminer $\varphi(n)$ de manière à satisfaire à la seconde condition (3); on a

$$\begin{aligned}\theta(x+\varpi) &= \Sigma e^{\frac{2\pi\sqrt{-1}}{\omega}[nx+n\varpi+\varphi(n)]} \\ &= \Sigma e^{\frac{2\pi\sqrt{-1}}{\omega}[(n+\mu)x+\varphi(n+\mu)+\varphi(n)-\varphi(n+\mu)-\mu x+n\varpi]}.\end{aligned}$$

Si l'on pose alors

$$(5)\qquad \varphi(n) - \varphi(n+\mu) + n\varpi = -c\mu,$$

on aura

$$\theta(x+\varpi) = \Sigma e^{\frac{2\pi\sqrt{-1}}{\omega}[(n+\mu)x+\varphi(n+\mu)]} e^{-\frac{2\pi\sqrt{-1}}{\omega}\mu(x+c)}$$

ou

$$\theta(x+\varpi) = \theta(x) e^{-\frac{2\pi\sqrt{-1}}{\omega}\mu(x+c)},$$

et les formules (3) auront lieu. L'équation aux différences (5) ne détermine pas complétement $\varphi(x)$: elle laisse arbitraires $\varphi(1)$, $\varphi(2)$, ..., $\varphi(\mu)$. En appelant $\varphi(m)$ une de ces quantités, on a

$$\begin{aligned}
\varphi(m+\mu) &= \varphi(m) + c\mu + m\varpi,\\
\varphi(m+2\mu) &= \varphi(m+\mu) + c\mu + (m+\mu)\varpi,\\
&\dots\dots\dots\dots\dots\dots\dots\dots,\\
\varphi(m+i\mu) &= \varphi(m+\overline{i-1}\,\mu) + c\mu + (m+\overline{i-1}\,\mu)\varpi,
\end{aligned}$$

d'où l'on tire

$$\varphi(m+i\mu) = \varphi(m) + i\mu c + \varpi\frac{i}{2}(2m - i\mu - \mu),$$

et $\theta(x)$ prend la forme suivante, en remplaçant $\varphi(n)$ dans (4) par sa valeur

$$\theta(x) = e^{\varphi(0)}\theta_0(x) + e^{\varphi(1)}\theta_1(x) + \ldots + e^{\varphi(\mu-1)}\theta_{\mu-1}(x),$$

où l'on a posé

$$(6)\qquad \theta_m(x) = \sum_{i=-\infty}^{i=+\infty} e^{\frac{2\pi\sqrt{-1}}{\omega}\left[(m+i\mu)x+\mu ic+\frac{i}{2}\varpi(2m+i\mu-\mu)\right]}.$$

Donc :

1° *Les fonctions monodromes et monogènes satis-*

faisant aux formules

$$(3)\qquad \begin{cases} \theta(x+\omega)=\theta(x), \\ \theta(x+\varpi)=\theta(x)\,e^{-\frac{2\pi\sqrt{-1}}{\omega}\mu(x+c)} \end{cases}$$

sont fonctions linéaires et homogènes de μ *d'entre elles;*

2° *Ces fonctions existent réellement, car la série* (6) *est convergente si la partie imaginaire de* $\frac{\varpi}{\omega}$ *est positive, ce que l'on peut toujours supposer. En effet, alors la racine* $i^{\text{ième}}$ *du* $i^{\text{ième}}$ *terme de la série* (6) *tend vers zéro;*

3° *Ces fonctions ont* μ *zéros dans le parallélogramme des périodes* ω, ϖ.

Enfin le quotient de deux quelconques de ces fonctions a évidemment les périodes ω et ϖ, ce qui prouve, *a fortiori*, l'existence des fonctions à deux périodes arbitraires et à μ zéros ou du $\mu^{\text{ième}}$ ordre.

DES FONCTIONS DU PREMIER ORDRE.

Nous dirons qu'une fonction elliptique auxiliaire est d'ordre μ quand elle aura μ zéros dans son parallélogramme des périodes. Les fonctions du premier ordre satisfont aux équations

$$\theta(x+\omega)=\theta(x),$$
$$\theta(x+\varpi)=\theta(x)\,e^{-\frac{2\pi\sqrt{-1}}{\omega}(x+c)},$$

et, θ désignant l'une d'elles, les autres seront égales à θ, à un facteur constant près. On pourra alors poser

$$\theta=\sum_{-\infty}^{+\infty} e^{\frac{2\pi\sqrt{-1}}{\omega}\left(mx+mc+\frac{m^2}{2}\varpi\right)}.$$

Nous retrouverons cette fonction plus loin. Observons toutefois qu'elle n'engendrera pas de fonctions aux périodes simultanées ω et ϖ; mais il faut remarquer que, si la fonction en question est du premier ordre par rapport aux périodes ω et ϖ, elle sera du second ordre si l'on prend pour périodes ω et 2ϖ ou 2ω et ϖ : c'est pour cela que, devant la rencontrer de nouveau dans tous les ordres, nous ne nous en occuperons pas ici.

DES FONCTIONS DU SECOND ORDRE.

Les fonctions du second ordre satisfont aux équations

$$(1) \qquad \begin{cases} \theta(x+\omega) = \theta(x), \\ \theta(x+\varpi) = \theta(x)\, e^{-\frac{2\pi\sqrt{-1}}{\omega} 2(x+c)}. \end{cases}$$

Elles sont au nombre de deux distinctes θ_0 et θ_1, la solution la plus générale étant $A_0\theta_0 + A_1\theta_1$, A_0 et A_1 désignant deux constantes arbitraires. On a d'ailleurs

$$(2) \qquad \theta_0(x) = \sum_{i=-\infty}^{i=+\infty} e^{\frac{2\pi\sqrt{-1}}{\omega}[2ix+2ic+i^2\varpi-i\varpi]},$$

$$(3) \qquad \theta_1(x) = \sum_{i=-\infty}^{i=+\infty} e^{\frac{2\pi\sqrt{-1}}{\omega}[(2i+1)x+2ic+i^2\varpi]}.$$

Les fonctions qui servent de numérateur et de dénominateur à $\operatorname{sn} x$ sont du second ordre par rapport aux périodes $2K'\sqrt{-1}$ et $4K$. En effet, ces fonctions satisfont aux relations

$$(4) \qquad \begin{cases} \varphi(x+4K) = \varphi(x), \\ \varphi(x+2K'\sqrt{-1}) = -\varphi(x)\, e^{-\frac{\pi\sqrt{-1}}{K}(x+K'\sqrt{-1})}. \end{cases}$$

Or la seconde de ces relations peut s'écrire

$$\varphi(x+2K'\sqrt{-1})=\varphi(x)e^{-\frac{2\pi\sqrt{-1}}{4K}2(x+K+K'\sqrt{-1})}.$$

Ces formules coïncideront donc avec (1), en posant

$$\omega=4K,\quad \varpi=2K'\sqrt{-1},\quad c=K+K'\sqrt{-1};$$

le numérateur et le dénominateur de $\operatorname{sn} x$ seront donc de la forme $A_0\theta_0(x)+A_1\theta_1(x)$, et l'on aura

$$(5)\quad \begin{cases} \theta_0(x)=\sum e^{\frac{\pi\sqrt{-1}}{2K}[2ix+2iK+2i^2K'\sqrt{-1}]}, \\ \theta_1(x)=\sum e^{\frac{\pi\sqrt{-1}}{2K}[(2i+1)x+2iK+2iK'\sqrt{-1}(i+1)]}. \end{cases}$$

Groupons les termes correspondant à des valeurs de i égales et de signes contraires, et posons toujours $q=e^{-\pi\frac{K'}{K}}$, nous aurons

$$\theta_0(x)=1-2q^{1^2}\cos\frac{\pi x}{K}+2q^{2^2}\cos\frac{2\pi x}{K}+\ldots$$
$$+(-1)^i 2q^{i^2}\cos\frac{i\pi x}{K}+\ldots,$$

$$\theta_1(x)=\sqrt{-1}\left(2q^0\sin\frac{\pi x}{2K}-2q^{1(1+1)}\sin\frac{3\pi x}{2K}+\ldots\right.$$
$$\left.\pm 2q^{i(i+1)}\sin\frac{(2i+1)\pi x}{2K}+\ldots\right).$$

Jacobi désigne la fonction θ_0 par $\Theta(x)$; quant à la fonction θ_1, nous la remplacerons par $\frac{q^{\frac{1}{4}}}{\sqrt{-1}}\theta_1$, ce qui lui donne plus de symétrie, et nous la représenterons encore, avec Jacobi, par $H(x)$; nous aurons alors

$$\Theta(x)=1-2q\cos\frac{\pi x}{K}+2q^4\cos\frac{2\pi x}{4}+\ldots+(-1)^i 2q^{i^2}\cos\frac{i\pi x}{K}\ldots,$$

$$H(x)=q^{\frac{1}{4}}\sin\frac{\pi x}{2K}-q^{\frac{9}{4}}\sin\frac{3\pi x}{2K}+\ldots\pm q^{\frac{(2i+1)^2}{4}}\sin\frac{(2i+1)\pi x}{2K}\mp\ldots.$$

Du reste, les fonctions les plus générales satisfaisant aux formules (4) sont de la forme $A\Theta(x) + BH(x)$.

Aux fonctions Θ et H on adjoint aujourd'hui les fonctions $\Theta(x+K)$, que l'on désigne par $\Theta_1(x)$, et $H(x+K)$, que l'on désigne par $H_1(x)$. Si, dans les formules (5), on remplace x par $x+K$, on trouve alors

$$\Theta_1(x) = 1 + 2q\cos\frac{\pi x}{K} + 2q^4\cos\frac{\pi x}{K} + \ldots,$$

$$H_1(x) = 2q^{\frac{1}{4}}\cos\frac{\pi x}{2K} + 2q^{\frac{9}{4}}\cos\frac{3\pi x}{2K} + \ldots.$$

Il existe entre les fonctions H et Θ une relation remarquable : quand on change x en $x + K'\sqrt{-1}$, Θ devient égal à $\sqrt{-1}\,H(x)e^{-\frac{\pi\sqrt{-1}}{4K}(2x+K'\sqrt{-1})}$, ce que l'on vérifie sans peine en remplaçant x par $x+K'\sqrt{-1}$ dans $\Theta(x)$ ou, ce qui revient au même, dans son égal $\theta_0(x)$ exprimé par la formule (5).

Voici le détail du calcul :

$$\Theta(x) = \Sigma e^{\frac{\pi\sqrt{-1}}{2K}(2ix+2iK+2i^2K'\sqrt{-1})},$$

$$\begin{aligned}\Theta(x+K'\sqrt{-1}) &= \Sigma e^{\frac{\pi\sqrt{-1}}{2K}[2ix+2iK+(2i^2+2i)K'\sqrt{-1}]}\\ &= e^{-\frac{\pi\sqrt{-1}}{4K}(2x+K'\sqrt{-1})}\,e^{-\frac{\pi K'}{4K}}\\ &\quad\times\Sigma e^{\frac{\pi\sqrt{-1}}{2K}[(2i+1)x+2iK+2i(i+1)K'\sqrt{-1}]}\\ &= \sqrt{-1}\,e^{-\frac{\pi\sqrt{-1}}{4K}(2x+K'\sqrt{-1})}\,H(x).\end{aligned}$$

On vérifiera facilement, d'une manière analogue, les formules non démontrées, que nous résumons dans le tableau suivant :

TABLEAU N° 1.

[1]
$$\begin{cases} \Theta\,(x) = 1 - 2q\cos\dfrac{\pi x}{K} + 2q^4\cos\dfrac{2\pi x}{K} - 2q^9\cos\dfrac{3\pi x}{K} + \ldots, \\ \Theta_1(x) = 1 + 2q\cos\dfrac{\pi x}{K} + 2q^4\cos\dfrac{2\pi x}{K} + 2q^9\cos\dfrac{3\pi x}{K} + \ldots, \\ H\,(x) = 2q^{\frac{1}{4}}\sin\dfrac{\pi x}{2K} - 2q^{\frac{9}{4}}\sin\dfrac{3\pi x}{2K} + 2q^{\frac{25}{4}}\sin\dfrac{5\pi x}{2K} - \ldots, \\ H_1(x) = 2q^{\frac{1}{4}}\cos\dfrac{\pi x}{2K} + 2q^{\frac{9}{4}}\cos\dfrac{3\pi x}{2K} + 2q^{\frac{25}{4}}\cos\dfrac{5\pi x}{2K} + \ldots, \end{cases}$$

$$q = e^{-\frac{\pi K'}{K}}.$$

[2]
$$\begin{cases} \Theta\,(x+K) = \Theta_1(x), & H\,(x+K) = H_1(x), \\ \Theta_1(x+K) = \Theta\,(x); & H_1(x+K) = -H(x). \end{cases}$$

[3]
$$\begin{cases} \Theta\,(x+2K) = \Theta\,(x), & H\,(x+2K) = -H\,(x), \\ \Theta_1(x+2K) = \Theta_1(x); & H_1(x+2K) = -H_1(x), \end{cases}$$

[4] $4K$ est une période de Θ, Θ_1, H, H_1.

[5]
$$\begin{cases} \Theta\,(x+2K'\sqrt{-1}) = -\Theta(x)e^{-\frac{\pi\sqrt{-1}}{K}(x+K'\sqrt{-1})}, \\ \Theta_1(x+2K'\sqrt{-1}) = \Theta_1(x)e^{-\frac{\pi\sqrt{-1}}{K}(x+K'\sqrt{-1})}, \\ H\,(x+2K'\sqrt{-1}) = -H\,(x)e^{-\frac{\pi\sqrt{-1}}{K}(x+K'\sqrt{-1})}, \\ H_1(x+2K'\sqrt{-1}) = H_1(x)e^{-\frac{\pi\sqrt{-1}}{K}(x+K'\sqrt{-1})}. \end{cases}$$

[6]
$$\begin{cases} \Theta\,(x+K'\sqrt{-1}) = \sqrt{-1}\,H(x)e^{-\frac{\pi\sqrt{-1}}{4K}(2x+K'\sqrt{-1})}, \\ \Theta_1(x+K'\sqrt{-1}) = H_1(x)e^{-\frac{\pi\sqrt{-1}}{4K}(2x+K'\sqrt{-1})}, \\ H\,(x+K'\sqrt{-1}) = \sqrt{-1}\,\Theta(x)e^{-\frac{\pi\sqrt{-1}}{4K}(2x+K'\sqrt{-1})}, \\ H_1(x+K'\sqrt{-1}) = \Theta_1(x)e^{-\frac{\pi\sqrt{-1}}{4K}(2x+K'\sqrt{-1})}. \end{cases}$$

[7]
$$\begin{cases} \Theta\,(-x) = \Theta\,(x), & H\,(-x) = -H(x), \\ \Theta_1(-x) = \Theta_1(x), & H_1(-x) = H(x). \end{cases}$$

RÉSOLUTION DES ÉQUATIONS $\Theta, \Theta_1, H, H_1 = 0$.

On a évidemment

$$H(x) = 0,$$

et, en vertu des formules [3] du tableau n° 1, comme

$$H(x + 2K) = -H(x),$$

on a aussi

$$H(2K) = 0.$$

$H(x)$ n'ayant que deux zéros dans le parallélogramme des périodes $4K$ et $2K'\sqrt{-1}$, les zéros seront de la forme suivante :

$$4jK + 2j'K'\sqrt{-1} \quad \text{et} \quad (4j+2)K + 2j'K'\sqrt{-1},$$

ou, si l'on veut,

$$(H) \qquad 2jK + 2j'K'\sqrt{-1},$$

j et j' désignant deux entiers. Mais, d'après [2], $H(x)$ est égal à $H_1(x + K)$; donc $H_1(x + K)$ est nul quand x est de la forme précédente; donc enfin les zéros de H_1 sont de la forme

$$(H_1) \qquad (2j+1)K + 2j'K'\sqrt{-1};$$

enfin, en vertu de [6], les zéros de Θ sont ceux de H augmentés de $K'\sqrt{-1}$; ils sont compris dans la formule

$$(\Theta) \qquad 2jK + (2j'+1)K'\sqrt{-1};$$

ceux de Θ_1 sont compris, en vertu des mêmes formules [6], dans celle-ci :

$$(\Theta_1) \qquad (2j+1)K + (2j'+1)K'\sqrt{-1}.$$

TABLEAU N° 2.

$$[8]\left\{\begin{array}{ll}\text{Zéros de } \Theta(x)\ldots & 2jK + (2j'+1)K'\sqrt{-1},\\ \text{de } H(x)\ldots & 2jK + 2j'K'\sqrt{-1},\\ \text{de } \Theta_1(x)\ldots & (2j+1)K + (2j'+1)K'\sqrt{-1},\\ \text{de } H_1(x)\ldots & (2j+1)K + 2j'K'\sqrt{-1}.\end{array}\right.$$

NOUVELLES DÉFINITIONS DES FONCTIONS Θ, H, Θ_1, H_1.

Les fonctions Θ_1, H_1, Θ, H satisfont aux formules

$$(1)\quad\left\{\begin{array}{l}\Theta_1(x+2K) = \Theta_1(x),\\ \Theta_1(x+2K'\sqrt{-1}) = \Theta_1(x)e^{-\frac{\pi\sqrt{-1}}{K}(x+K'\sqrt{-1})}.\end{array}\right.$$

$$(2)\quad\left\{\begin{array}{l}\Theta(x+2K) = \Theta(x),\\ \Theta(x+2K'\sqrt{-1}) = -\Theta(x)e^{-\frac{\pi\sqrt{-1}}{K}(x+K'\sqrt{-1})}.\end{array}\right.$$

$$(3)\quad\left\{\begin{array}{l}H_1(x+2K) = -H_1(x),\\ H_1(x+2K'\sqrt{-1}) = H_1(x)e^{-\frac{\pi\sqrt{-1}}{K}(x+K'\sqrt{-1})}.\end{array}\right.$$

$$(4)\quad\left\{\begin{array}{l}H(x+2K) = -H(x),\\ H(x+2K'\sqrt{-1}) = -H(x)e^{-\frac{\pi\sqrt{-1}}{K}(x+K'\sqrt{-1})}.\end{array}\right.$$

Si l'on ajoute que ces quatre fonctions sont synectiques et, par suite, développables en séries d'exponentielles, elles seront déterminées à un facteur constant près par ces quatre formules. Ce fait est déjà établi à l'égard de la fonction Θ_1; nous allons le prouver pour les autres fonctions.

Lorsque l'on a

$$(5)\quad\left\{\begin{array}{l}\theta(x+\omega) = \theta(x),\\ \theta(x+\varpi) = \theta(x)e^{-\frac{2\pi\sqrt{-1}}{\omega}\mu(x+c)},\end{array}\right.$$

et que la fonction $\theta(x)$ est synectique, ces équations imposent à la fonction θ la forme

$$A_0\theta_0(x) + A_1\theta_1(x) + \ldots + A_{\mu-1}\theta_{\mu-1}(x),$$

où A_0, A_1, ..., $A_{\mu-1}$ sont des constantes et où θ_0, θ_1, ... désignent des solutions de (5). Si donc on fait $\mu = 2$, $\omega = 4K$, $\varpi = 2K'\sqrt{-1}$, $c = K'\sqrt{-1}$, on aura

$$(6)\quad \begin{cases} \theta(x + 4K) = \theta(x), \\ \theta(x + 2K'\sqrt{-1}) = \theta(x)e^{-\frac{\pi\sqrt{-1}}{K}(x + K'\sqrt{-1})}, \end{cases}$$

et $\theta(x)$ sera de la forme $A_0\theta_0 + A_1\theta_1$. Or les deux fonctions $\Theta_1(x)$ et $H_1(x)$ satisfont à ces deux équations; leur solution générale sera donc

$$A_0\Theta_1(x) + A_1 H_1(x).$$

Si l'on ajoute que $\theta(x)$ s'annule pour une valeur donnée $K + K'\sqrt{-1}$, il faudra que $A_1 = 0$, et la fonction θ sera définie à un facteur près.

Ainsi les fonctions Θ_1, H_1, Θ, H sont définies par leurs zéros et par les formules telles que (6), que l'on peut déduire de (1), (2), (3), (4); mais elles ne sont définies qu'à un facteur constant près (on reconnaît dans H et Θ les valeurs qui figuraient en numérateur et en dénominateur dans $\operatorname{sn} x$).

SUR UNE FORMULE DE CAUCHY. — NOUVELLES EXPRESSIONS DE Θ, H, Θ_1, H_1 EN PRODUITS.

Posons

$$(1)\quad \begin{cases} F(z) = (1 + qz)(1 + qz^{-1})(1 + q^3z)(1 + q^3z^{-1})\ldots \\ \qquad \times(1 + q^{2n+1}z)(1 + q^{2n+1}z^{-1}). \end{cases}$$

Nous aurons évidemment

$$F(q^2z) = F(z)\,\frac{1 + q^{2n+3}z}{1 + qz}\,\frac{1 + q^{-1}z^{-1}}{1 + q^{2n+1}z^{-1}},$$

c'est-à-dire

$$(2) \qquad F(q^2 z)(qz + q^{2n+2}) = F(z)(1 + q^{2n+3} z).$$

Cette équation constitue une propriété de la fonction $F(z)$ qui va nous servir à la développer. $F(z)$ est de la forme

$$(3) \quad \left\{ \begin{aligned} F(z) &= A_0 + A_1(z + z^{-1}) \\ &\quad + A_2(z^2 + z^{-2}) + \ldots + A_n(z^n + z^{-n}). \end{aligned} \right.$$

Remplaçons dans (2) $F(z)$ par cette valeur, nous aurons

$$\begin{aligned} &[A_0 + A_1(q^2 z + q^{-2} z^{-1}) + \ldots + A_n(q^{2n} z^n + q^{-2n} z^{-n})](qz + q^{2n+2}) \\ &= [A_0 + A_1(z + z^{-1}) + \ldots + A_n(z^n + z^{-n})](1 + q^{2n+3} z), \end{aligned}$$

et, en égalant de part et d'autre les coefficients des mêmes puissances de z,

$$\begin{aligned} A_0 q + A_1 q^{2n+4} &= A_0 q^{2n+3} + A_1, \\ A_1 q^3 + A_2 q^{2n+6} &= A_1 q^{2n+3} + A_2, \\ \ldots\ldots\ldots\ldots &\ldots\ldots\ldots\ldots, \end{aligned}$$

ou bien

$$\begin{aligned} A_0(q - q^{2n+3}) &= A_1(1 - q^{2n+4}), \\ A_1(q^3 - q^{2n+3}) &= A_2(1 - q^{2n+6}), \\ \ldots\ldots\ldots\ldots &\ldots\ldots\ldots\ldots, \\ A_{n-1}(q^{2n-3} - q^{2n+3}) &= A_n(1 - q^{4n+2}). \end{aligned}$$

Or on connait A_n; il est égal à $q q^3 q^5 \ldots q^{2n+1} = q^{n(n+1)}$, et l'on tire des formules précédentes

$$A_0 = q^{n(n+1)} \frac{(1 - q^{2n+4})(1 - q^{2n+6}) \ldots (1 - q^{4n+2})}{(q - q^{2n+3})(q^3 - q^{2n+3}) \ldots (q^{2n-1} - q^{2n+3})}.$$

Supposons $q < 1$, alors pour $n = \infty$ on aura

$$A_0 = \frac{1}{(1 - q^2)(1 - q^4)(1 - q^6)(1 - q^8) \ldots},$$

$$A_1 = q A_0, \quad A_2 = q^3 A_1, \quad \ldots,$$

et, par suite, en égalant les valeurs (1) et (3) de $F(z)$,

$$(1+qz)(1+qz^{-1})(1+q^3z)(1+q^3z^{-1})\ldots$$
$$=\frac{1+q(z+z^{-1})+q^4(z^2+z^{-2})+q^9(z^3+z^{-3})+\ldots}{(1-q^2)(1-q^4)(1-q^6)(1-q^8)\ldots}.$$

Telle est la formule de Cauchy; quand on y fait $z=e^{\frac{\pi x\sqrt{-1}}{K}}$, et quand on observe qu'alors

$$(1+q^{2n+1}z)(1+q^{2n+1}z^{-1})=1+2q^{2n+1}\cos\frac{\pi x}{K}+q^{4n+2},$$
$$z^{\mu}+z^{-\mu}=2\cos\frac{\pi\mu x}{K},$$

elle donne

$$\left(1+2q\cos\frac{\pi x}{K}+q^2\right)\left(1+2q^3\cos\frac{\pi x}{K}+q^6\right)\ldots$$
$$=\frac{1+2q\cos\frac{\pi x}{K}+2q^4\cos\frac{2\pi x}{K}+\ldots}{(1-q^2)(1-q^4)(1-q^6)\ldots}.$$

Si donc on désigne par c le produit

$$(1-q^2)(1-q^4)(1-q^6)\ldots,$$

on aura

$$\Theta_1(x)=c\left(1+2q\cos\frac{\pi x}{K}+q^2\right)\left(1+2q^3\cos\frac{\pi x}{K}+q^6\right)\ldots.$$

En changeant dans cette formule x en $x+K$, en $x+K'\sqrt{-1}$ et en $x+K+K'\sqrt{-1}$, on forme le tableau suivant :

TABLEAU N° 3.

$$c = (1 - q^2)(1 - q^4)(1 - q^6)\ldots.$$

[9]
$$\left\{\begin{aligned}
\Theta_1(x) &= c\left(1 + 2q\cos\frac{\pi x}{K} + q^2\right)\left(1 + 2q^3\cos\frac{\pi x}{K} + q^6\right)\ldots,\\
\Theta(x) &= c\left(1 - 2q\cos\frac{\pi x}{K} + q^2\right)\left(1 - 2q^3\cos\frac{\pi x}{K} + q^6\right)\ldots;\\
H_1(x) &= c2q^{\frac{1}{4}}\cos\frac{\pi x}{2K}\left(1 + 2q^2\cos\frac{\pi x}{K} + q^4\right)\\
&\quad\times\left(1 + 2q^4\cos\frac{\pi x}{K} + q^8\right)\ldots,\\
H(x) &= c2q^{\frac{1}{4}}\sin\frac{\pi x}{2K}\left(1 - 2q^2\cos\frac{\pi x}{K} + q^4\right)\\
&\quad\times\left(1 - 2q^4\cos\frac{\pi x}{K} + q^8\right)\ldots.
\end{aligned}\right.$$

RELATIONS ALGÉBRIQUES ENTRE Θ, H, Θ_1, H_1.

Considérons les fonctions Θ^2, H^2, Θ_1^2, H_1^2; elles satisfont toutes les quatre aux relations

$$\theta(x + 2K) = \theta(x),$$
$$\theta(x + 2K'\sqrt{-1}) = \theta(x)e^{-\frac{\pi\sqrt{-1}}{K}2(x + K'\sqrt{-1})};$$

donc deux des quatre fonctions en question sont des fonctions linéaires et homogènes des deux autres. Posons alors

$$\Theta^2(x) = AH^2(x) + A_1H_1^2(x);$$

on en conclura, pour $x = 0$ et $x = K$,

$$\Theta^2(0) = A_1H_1^2(0), \quad \Theta^2(K) = AH^2(K).$$

D'ailleurs

$$H_1^2(0) = H^2(K);$$

on en déduit A et A_1, et la formule précédente donne

$$\Theta^2(x) = H^2(x)\frac{\Theta^2(K)}{H^2(K)} + H_1^2(x)\frac{\Theta^2(0)}{H_1^2(0)},$$

ce que l'on peut aussi écrire

(1) $$\Theta^2(x) = H^2(x)\frac{\Theta_1^2(0)}{H_1^2(0)} + H_1^2(x)\frac{\Theta^2(0)}{H_1^2(0)}.$$

On trouve de même

$$\Theta^2(x) = H^2(x)\frac{\Theta(K+K'\sqrt{-1})}{H(K+K'\sqrt{-1})} + \Theta_1^2(x)\frac{\Theta^2(0)}{\Theta_1^2(0)};$$

mais (formules [6])

$$\frac{\Theta(K+K'\sqrt{-1})}{H(K+K'\sqrt{-1})} = \frac{H(K)}{\Theta(K)} = \frac{H_1(0)}{\Theta_1(0)};$$

donc

(2) $$\Theta^2(x) = H^2(x)\frac{H_1^2(0)}{\Theta_1^2(0)} + \Theta_1^2(x)\frac{\Theta^2(0)}{\Theta_1^2(0)}.$$

RELATIONS DIFFÉRENTIELLES ENTRE LES FONCTIONS AUXILIAIRES.

Posons

$$y = \frac{H(x)}{\Theta(x)};$$

on aura

(1) $$\frac{dy}{dx} = \frac{H'(x)\Theta(x) - \Theta'(x)H(x)}{\Theta^2(x)}.$$

Or, en différentiant les formules [5], on a

(2) $$\left\{\begin{aligned} H'(x+2K'\sqrt{-1}) &= -H'(x)e^{-\frac{\pi\sqrt{-1}}{K}(x+K'\sqrt{-1})} \\ &\quad + H(x)e^{-\frac{\pi\sqrt{-1}}{K}(x+K'\sqrt{-1})}\frac{\pi\sqrt{-1}}{K}, \\ \Theta'(x+2K'\sqrt{-1}) &= -\Theta'(x)e^{-\frac{\pi\sqrt{-1}}{K}(x+K'\sqrt{-1})} \\ &\quad + \Theta(x)e^{-\frac{\pi\sqrt{-1}}{K}(x+K'\sqrt{-1})}\frac{\pi\sqrt{-1}}{K}. \end{aligned}\right.$$

Or les deux fonctions $H(x)$ et $\Theta(x)$ possèdent la période $4K$; il en est donc de même de $H'(x)\Theta(x) - \Theta'(x)H(x)$, et, quand on y change x en $x + 2K'\sqrt{-1}$, en vertu de (2), cette fonction devient

$$[\Theta(x)H'(x) - H(x)\Theta'(x)]e^{-\frac{2\pi\sqrt{-1}}{K}(x+K'\sqrt{-1})};$$

en d'autres termes, elle s'est trouvée multipliée par

$$e^{-\frac{2\pi\sqrt{-1}}{K}(x+K'\sqrt{-1})} = e^{-\frac{\pi\sqrt{-1}}{K}2(x+K'\sqrt{-1})}.$$

Or les fonctions $\Theta(x)H(x)$ et $\Theta_1(x)H_1(x)$ sont dans ce cas; on doit donc poser

(3) $H'(x)\Theta(x) - H(x)\Theta'(x) = A\Theta(x)H(x) + B\Theta_1(x)H_1(x)$,

ou, en divisant par Θ^2 et en tenant compte de (1),

$$\frac{dy}{dx} = A\frac{H(x)}{\Theta(x)} + B\frac{\Theta_1(x)}{\Theta(x)}\frac{H_1(x)}{\Theta(x)}.$$

Mais, si, dans (3), on change x en $-x$, on a

$$H'(x)\Theta(x) - H(x)\Theta'(x) = -A\Theta(x)H(x) + B\Theta_1(x)H_1(x),$$

et, en comparant cette formule avec (3), on a

$$A = 0;$$

donc

$$\frac{dy}{dx} = B\frac{\Theta_1}{\Theta}\frac{H_1}{\Theta}.$$

Si, dans (3), on fait $x = 0$, on a

$$H'(0)\Theta(0) = B\Theta_1(0)H_1(0).$$

Tirant B de là, la formule précédente donne

$$(4) \qquad \frac{dy}{dx} = \frac{H'(0)\Theta(0)}{\Theta_1(0)H_1(0)}\frac{\Theta_1(x)H_1(x)}{\Theta^2(x)}.$$

Entre cette formule et les formules (1) et (2) du paragraphe précédent, éliminons $\Theta_1(x)$ et $H_1(x)$; nous aurons

$$\left(\frac{dy}{dx}\right)^2 = \frac{H'^2(0)}{\Theta^2(0)}\left[1 - \frac{\Theta_1^2(0)}{H_1^2(0)}y^2\right]\left[1 - \frac{H_1^2(0)}{\Theta_1^2(0)}y^2\right].$$

Cette équation serait identique à celle qui nous a servi primitivement à définir le sinus de l'amplitude de x, si l'on supposait

$$(5)\quad \left\{\begin{aligned} &\operatorname{sn} x = \frac{\Theta_1(0)}{H_1(0)}y = \frac{\Theta_1(0)}{H_1(0)}\frac{H(x)}{\Theta(x)} = \frac{1}{\sqrt{k}}\frac{H(x)}{\Theta(x)},\\ &\frac{\Theta_1(0)}{H_1(0)}\frac{H'(0)}{\Theta(0)} = 1,\\ &\frac{H_1^2(0)}{\Theta_1^2(0)} = k, \end{aligned}\right.$$

et l'on aurait

$$\left(\frac{d\operatorname{sn} x}{dx}\right)^2 = (1 - \operatorname{sn}^2 x)(1 - k^2\operatorname{sn}^2 x).$$

On a donc bien

$$\operatorname{sn} x = \frac{H(x)}{\Theta(x)}\frac{\Theta_1(0)}{H_1(0)},$$

et il est nettement établi que la fonction $\operatorname{sn} x$ est monodrome, puisqu'on peut la former de toutes pièces en la considérant comme le quotient de deux fonctions monodromes.

Maintenant reprenons les formules (1) et (2) du paragraphe précédent; on peut les écrire, en divisant par $\Theta^2(x)$,

$$1 = \frac{H^2(x)}{\Theta^2(x)}\frac{\Theta(0)}{H_1^2(0)} + \frac{H_1^2(x)}{\Theta^2(x)}\frac{\Theta^2(0)}{H_1^2(0)},$$

$$1 = \frac{H^2(x)}{\Theta^2(x)}\frac{H_1^2(0)}{\Theta_1^2(0)} + \frac{\Theta_1^2(x)}{\Theta^2(x)}\frac{\Theta^2(0)}{\Theta_1^2(0)}.$$

La première, en vertu de (5), sera satisfaite en posant

$$\frac{H_1(x)}{\Theta(x)}\frac{\Theta(0)}{H_1(0)} = \cos\operatorname{am} x = \operatorname{cn} x,$$

et la dernière donnera

$$1 = k^2 \operatorname{sn}^2 x + \frac{\Theta_1^2(x)}{\Theta^2(x)} \frac{\Theta^2(0)}{\Theta_1^2(0)},$$

ou bien

$$\frac{\Theta_1(x)}{\Theta(x)} \frac{\Theta(0)}{\Theta_1(0)} = \sqrt{1 - k^2 \operatorname{sn}^2 x} = \operatorname{dn}^2 x.$$

Elle donnera aussi, pour $x = K$,

$$1 = \frac{H^2(K)}{\Theta^2(K)} \frac{H_1^2(0)}{\Theta_1^2(0)} + \frac{\Theta_1^2(K)}{\Theta^2(K)} \frac{\Theta^2(0)}{\Theta_1^2(0)},$$

ou bien

$$1 = \frac{H_1^4(0)}{\Theta_1^4(0)} + \frac{\Theta^4(0)}{\Theta_1^4(0)}.$$

Le premier terme du second membre est k^2, le second est donc la quantité désignée plus haut par k'^2; k' est ce que nous avons appelé le *module complémentaire.* On a donc le tableau suivant :

TABLEAU N° 4.

$$[10] \quad \begin{cases} \operatorname{sn} x = \dfrac{1}{\sqrt{k}} \dfrac{H(x)}{\Theta(x)}, \\[2ex] \operatorname{cn} x = \sqrt{\dfrac{k'}{k}} \dfrac{H_1(x)}{\Theta(x)}, \\[2ex] \operatorname{dn} x = \sqrt{k'} \dfrac{\Theta_1(x)}{\Theta(x)}, \\[2ex] k = \dfrac{H_1^2(0)}{\Theta_1^2(0)} = \dfrac{\Theta^2(0)}{H'^2(0)}, \quad k' = \dfrac{\Theta^2(0)}{\Theta_1^2(0)}, \quad \dfrac{k}{k'} = \dfrac{H_1^2(0)}{\Theta^2(0)} \\ k^2 + k'^2 = 1, \end{cases}$$

$$[11] \quad \begin{cases} K = \displaystyle\int_0^1 \frac{dx}{\sqrt{(1 - x^2)(1 - k^2 x^2)}}, \\[2ex] K' = \displaystyle\int_0^1 \frac{dx}{\sqrt{(1 - x^2)(1 - k'^2 x^2)}}, \end{cases}$$

$$[12]\quad \begin{cases} \operatorname{sn} K'\sqrt{-1} = \infty, & \operatorname{cn} K'\sqrt{-1} = \infty, & \operatorname{dn} K'\sqrt{-1} = \infty, \\ \operatorname{sn}(2K + K'\sqrt{-1}) = \infty, & \operatorname{cn}(2K + K'\sqrt{-1}) = \infty, & \operatorname{dn}(2K + K'\sqrt{-1}) = \infty, \\ \operatorname{sn}(K + K'\sqrt{-1}) = \dfrac{1}{k}, & \operatorname{cn}(K + K'\sqrt{-1}) = -\dfrac{k'\sqrt{-1}}{k}, & \operatorname{dn}(K + K'\sqrt{-1}) = 0, \end{cases}$$

$$[13]\quad \begin{cases} \operatorname{sn}(-x) = -\operatorname{sn} x, & \operatorname{cn}(-x) = \operatorname{cn} x, & \operatorname{dn}(-x) = \operatorname{dn} x, \\ \operatorname{sn}(2K - x) = \operatorname{sn} x, & \operatorname{cn}(2K - x) = \operatorname{cn} x, & \operatorname{dn}(2K - x) = \operatorname{dn} x, \\ \operatorname{sn}(2K + x) = -\operatorname{sn} x, & \operatorname{cn}(2K + x) = \operatorname{cn} x, & \operatorname{dn}(2K + x) = \operatorname{dn} x, \\ \operatorname{sn}(K - x) = \dfrac{\operatorname{cn} x}{\operatorname{dn} x}, & \operatorname{cn}(K - x) = k'\dfrac{\operatorname{sn} x}{\operatorname{dn} x}, & \operatorname{dn}(K - x) = \dfrac{k'}{\operatorname{dn} x}, \\ \operatorname{sn}(K + x) = \dfrac{\operatorname{cn} x}{\operatorname{dn} x}, & \operatorname{cn}(K + x) = -k'\dfrac{\operatorname{sn} x}{\operatorname{dn} x}, & \operatorname{dn}(K + x) = \dfrac{k'}{\operatorname{dn} x}, \\ \operatorname{sn}(K'\sqrt{-1} + x) = \dfrac{1}{k \operatorname{sn} x}, & \operatorname{cn}(K'\sqrt{-1} + x) = -\sqrt{-1}\,\dfrac{\operatorname{dn} x}{k \operatorname{sn} x}, & \operatorname{dn}(K'\sqrt{-1} + x) = -\sqrt{-1}\,\dfrac{\operatorname{cn} x}{\operatorname{sn} x}, \\ \operatorname{sn}(2K'\sqrt{-1} + x) = \operatorname{sn} x, & \operatorname{cn}(2K'\sqrt{-1} + x) = -\operatorname{cn} x, & \operatorname{dn}(2K'\sqrt{-1} + x) = -\operatorname{dn} x. \end{cases}$$

[14]

Fonctions.	Périodes.	Zéros.	Infinis.
$\operatorname{sn} x$	$4K,\ 2K'\sqrt{-1}$,	$0,\ 2K$,	$K'\sqrt{-1},\ 2K + K'\sqrt{-1}$,
$\operatorname{cn} x$	$2K,\ 2K + 2K'\sqrt{-1}$,	$K,\ -K$,	$K'\sqrt{-1},\ 2K + K'\sqrt{-1}$,
$\operatorname{dn} x$........	$2K,\ 2K'\sqrt{-1}$,	$\pm K + K'\sqrt{-1}$,	$K'\sqrt{-1},\ 2K + K'\sqrt{-1}$.

RELATIONS ENTRE $\operatorname{sn} x$, $\operatorname{cn} x$ ET $\operatorname{dn} x$.

A la fonction $\operatorname{sn} x$, définie par l'équation

$$(1) \qquad \frac{dy}{dx} = \sqrt{(1 - u^2)(1 - k^2 u^2)},$$

nous avons adjoint les fonctions

$$(2) \qquad \left\{ \begin{array}{l} \operatorname{cn} x = v = \sqrt{1 - u^2}, \\ \operatorname{dn} x = w = \sqrt{1 - k^2 u^2}. \end{array} \right.$$

La formule (1) pourra alors s'écrire

$$\frac{du}{dx} = \operatorname{cn} x \operatorname{dn} x = vw.$$

Des formules (2) on déduira

$$\frac{dv}{dx} = - \frac{u}{\sqrt{1 - u^2}} \frac{du}{dx} = - uw,$$

$$\frac{dw}{dx} = - \frac{k^2 u}{\sqrt{1 - k^2 u^2}} \frac{du}{dx} = - k^2 vu.$$

Ainsi on a

$$(3) \qquad \left\{ \begin{array}{l} \dfrac{d \operatorname{sn} x}{dx} = \operatorname{cn} x \operatorname{dn} x, \\[2ex] \dfrac{d \operatorname{cn} x}{dx} = - \operatorname{dn} x \operatorname{sn} x, \\[2ex] \dfrac{d \operatorname{dn} x}{dx} = - k^2 \operatorname{sn} x \operatorname{cn} x. \end{array} \right.$$

Maintenant, si l'on observe que

$$u = \sqrt{1 - v^2} = \frac{1}{k} \sqrt{1 - w^2}, \quad v = \frac{\sqrt{w^2 - k'^2}}{k}, \quad w = \sqrt{k'^2 + k^2 v^2},$$

les formules (3) pourront s'écrire

$$\frac{du}{dx} = \sqrt{(1-u^2)(1-k^2u^2)},$$

$$\frac{dv}{dx} = -\sqrt{(1-v^2)(k'^2+k^2v^2)},$$

$$\frac{dw}{dx} = -k\sqrt{(w^2-k'^2)(1-w^2)}.$$

Rien n'est plus simple, en partant des formules (3), que de former les équations auxquelles satisferaient tang am x, cot am x, ... On formera ainsi le tableau suivant :

TABLEAU N° 5.

$$[15] \quad \begin{cases} \dfrac{d\,\mathrm{sn}\,x}{dx} = \mathrm{cn}\,x\,\mathrm{dn}\,x, \\ \dfrac{d\,\mathrm{cn}\,x}{dx} = -\,\mathrm{dn}\,x\,\mathrm{sn}\,x, \\ \dfrac{d\,\mathrm{dn}\,x}{dx} = -\,k^2\,\mathrm{sn}\,x\,\mathrm{cn}\,x. \end{cases}$$

	Fonctions.	Leur équation différentielle.
[16]	$u = \mathrm{sn}\,x,$	$\dfrac{du}{dx} = \sqrt{(1-u^2)(1-k^2u^2)},$
	$u = \mathrm{cn}\,x,$	$\dfrac{du}{dx} = -k'\sqrt{(1-u^2)\left(1+\dfrac{k^2}{k'^2}u^2\right)},$
	$u = \mathrm{dn}\,x,$	$\dfrac{du}{dx} = -\sqrt{(1-u^2)(u^2-k'^2)},$
	$u = \mathrm{tang\,am}\,x,$	$\dfrac{du}{dx} = \sqrt{(1+u^2)(1+k'^2u^2)},$
	$u = \mathrm{cot\,am}\,x,$	$\dfrac{du}{dx} = -\sqrt{(1+u^2)(k'^2+u^2)},$
	$u = \mathrm{séc\,am}\,x,$	$\dfrac{du}{dx} = -k'\sqrt{(u^2-1)\left(u^2-\dfrac{k^2}{k'^2}\right)},$
	$u = \mathrm{coséc\,am}\,x,$	$\dfrac{du}{dx} = \sqrt{(u^2-1)(u^2-k^2)},$
	$u = \dfrac{1}{\mathrm{dn}\,x},$	$\dfrac{du}{dx} = \sqrt{(u^2-1)(1-k'^2u^2)}.$

Ce dernier tableau est utile pour la réduction de l'intégrale

$$\int \frac{du}{\sqrt{(u^2+m)(u^2+n)}}$$

aux fonctions elliptiques.

FORMULES D'ADDITION.

Considérons maintenant le produit

$$\mathrm{H}(x+a)\,\mathrm{H}(x-a)=\theta(x);$$

on a (tableau n° 1)

$$\theta(x+2\mathrm{K})=\theta(x),$$

$$\theta(x+2\mathrm{K}'\sqrt{-1})=\theta(x)\,e^{-2\frac{\pi\sqrt{-1}}{\mathrm{K}}(x+\mathrm{K}'\sqrt{-1})}.$$

Les fonctions H^2 et Θ^2 satisfont à la même équation; donc

$$\mathrm{H}(x+a)\,\mathrm{H}(x-a)=\mathrm{AH}^2(x)+\mathrm{B}\Theta^2(x).$$

Pour déterminer A et B, on fera $x=0$; on aura alors

$$-\mathrm{H}^2(a)=\mathrm{B}\Theta^2(0).$$

On fera ensuite $x=\mathrm{K}'\sqrt{-1}$; on aura alors

$$\mathrm{H}(\mathrm{K}'\sqrt{-1}+a)\,\mathrm{H}(\mathrm{K}'\sqrt{-1}-a)=\mathrm{AH}^2(\mathrm{K}'\sqrt{-1})$$

ou

$$-\Theta(a)\,\Theta(-a)=-\mathrm{A}\Theta^2(0).$$

On a donc

$$\mathrm{B}=-\frac{\mathrm{H}^2(a)}{\Theta^2(0)},\quad \mathrm{A}=\frac{\Theta^2(a)}{\Theta^2(0)},$$

et, par suite,

$$\mathrm{H}(x+a)\,\mathrm{H}(x-a)=\frac{\Theta^2(a)\,\mathrm{H}^2(x)-\mathrm{H}^2(a)\,\Theta^2(x)}{\Theta^2(0)}.$$

On obtient de la même façon une foule d'autres formules, que nous résumons dans le tableau ci-après.

TABLEAU N° 6.

$$
[17]\left\{
\begin{aligned}
&H(x-a)\,H(x+a)=\frac{\Theta^2(a)\,H^2(x)-H^2(a)\,\Theta^2(x)}{\Theta^2(0)},\\
&H(x-a)\,\Theta(x+a)\\
&\quad=\frac{H_1(a)\,\Theta_1(a)}{H_1(0)\,\Theta(0)}\,H(x)\,\Theta(x)-\frac{H(a)\,\Theta(a)}{H_1(0)\,\Theta_1(0)}\,H_1(x)\,\Theta_1(x),\\
&H(x-a)\,H_1(x+a)\\
&\quad=\frac{\Theta_1(a)\,\Theta(a)}{\Theta(0)\,\Theta_1(0)}\,H(x)\,H_1(x)-\frac{H(a)\,\Theta(a)}{\Theta(0)\,\Theta_1(0)}\,\Theta(x)\,\Theta_1(x),\\
&H(x-a)\,\Theta_1(x+a)\\
&\quad=\frac{H_1(a)\,\Theta(a)}{H_1(0)\,\Theta(0)}\,H(x)\,\Theta_1(x)-\frac{H(a)\,\Theta_1(a)}{H_1(0)\,\Theta(0)}\,\Theta(x)\,H_1(x);
\end{aligned}\right.
$$

$$
[18]\left\{
\begin{aligned}
&\Theta(x-a)\,\Theta(x+a)=\frac{\Theta^2(a)\,\Theta^2(x)-H^2(a)\,H^2(x)}{\Theta^2(0)},\\
&\Theta(x-a)\,H(x+a)\\
&\quad=\frac{H_1(a)\,\Theta_1(a)\,H(x)\,\Theta(x)+H(a)\,\Theta(a)\,H_1(x)\,\Theta_1(x)}{\Theta_1(0)\,H_1(0)},\\
&\Theta(x-a)\,H_1(x+a)\\
&\quad=\frac{\Theta(a)\,\Theta_1(a)\,H(x)\,H_1(x)-H(a)\,\Theta(a)\,\Theta(x)\,\Theta_1(x)}{\Theta(0)\,\Theta_1(0)},\\
&\Theta(x-a)\,\Theta_1(x+a)\\
&\quad=\frac{H_1(a)\,\Theta(a)\,H(x)\,\Theta_1(x)-H(a)\,\Theta_1(a)\,\Theta(x)\,H_1(x)}{\Theta(0)\,H_1(0)}.
\end{aligned}\right.
$$

En combinant ces formules par voie de division, et en ayant égard aux formules du tableau n° 4, on trouve, par exemple, en divisant la première [17] par la seconde [17],

$$
\operatorname{sn}(x+a)=\frac{\operatorname{sn}^2 x-\operatorname{sn}^2 a}{\operatorname{sn}x\operatorname{cn}a\operatorname{dn}a-\operatorname{sn}a\operatorname{cn}x\operatorname{dn}x},
$$

et, en multipliant haut et bas par

$$\operatorname{sn} x \operatorname{cn} a \operatorname{dn} a + \operatorname{sn} a \operatorname{cn} x \operatorname{dn} x,$$

$$\operatorname{sn}(x+a) = \frac{\operatorname{sn} x \operatorname{cn} a \operatorname{dn} a + \operatorname{sn} a \operatorname{cn} x \operatorname{dn} x}{1 - k^2 \operatorname{sn}^2 a \operatorname{sn}^2 x};$$

c'est par ce moyen que l'on formera le tableau suivant :

TABLEAU N° 7.

$$[19] \quad \left\{ \begin{aligned} \operatorname{sn}(a \pm b) &= \frac{\operatorname{sn} a \operatorname{cn} b \operatorname{dn} b \pm \operatorname{sn} b \operatorname{cn} a \operatorname{dn} a}{1 - k^2 \operatorname{sn}^2 a \operatorname{sn}^2 b}, \\ \operatorname{cn}(a \pm b) &= \frac{\operatorname{cn} a \operatorname{cn} b \mp \operatorname{sn} a \operatorname{sn} b \operatorname{dn} a \operatorname{dn} b}{1 - k^2 \operatorname{sn}^2 a \operatorname{sn}^2 b}, \\ \operatorname{dn}(a \pm b) &= \frac{\operatorname{dn} a \operatorname{dn} b \mp k^2 \operatorname{sn} a \operatorname{sn} b \operatorname{cn} a \operatorname{cn} b}{1 - k^2 \operatorname{sn}^2 a \operatorname{sn}^2 b}. \end{aligned} \right.$$

Pour $a = b$:

$$[20] \quad \left\{ \begin{aligned} \operatorname{sn} 2a &= \frac{2 \operatorname{sn} a \operatorname{cn} a \operatorname{dn} a}{1 - k^2 \operatorname{sn}^2 a}, \\ \operatorname{cn} 2a &= \frac{\operatorname{cn}^2 a - \operatorname{sn}^2 a \operatorname{dn}^2 a}{1 - k^2 \operatorname{sn}^2 a}, \\ \operatorname{dn} 2a &= \frac{\operatorname{dn}^2 a - k^2 \operatorname{sn}^2 a \operatorname{cn}^2 a}{1 - k^2 \operatorname{sn}^2 a}. \end{aligned} \right.$$

$$[21] \quad \left\{ \begin{aligned} \operatorname{sn}(a+b) + \operatorname{sn}(a-b) &= G \operatorname{sn} a \operatorname{cn} b \operatorname{dn} b, \\ \operatorname{sn}(a+b) - \operatorname{sn}(a-b) &= G \operatorname{sn} b \operatorname{cn} a \operatorname{dn} a, \\ \operatorname{cn}(a+b) + \operatorname{cn}(a-b) &= G \operatorname{cn} a \operatorname{cn} b, \\ \operatorname{cn}(a+b) - \operatorname{cn}(a-b) &= -G \operatorname{sn} a \operatorname{sn} b \operatorname{dn} a \operatorname{dn} b, \\ \operatorname{dn}(a+b) + \operatorname{dn}(a-b) &= G \operatorname{dn} a \operatorname{dn} b, \\ \operatorname{dn}(a+b) - \operatorname{dn}(a-b) &= -G k^2 \operatorname{sn} a \operatorname{sn} b \operatorname{cn} a \operatorname{cn} b. \end{aligned} \right.$$

On a posé

$$G = \frac{2}{1 - k^2 \operatorname{sn}^2 a \operatorname{sn}^2 b}.$$

Les formules d'addition [19] sont les premières que l'on ait trouvées sur les fonctions directes. Elles sont analogues aux formules fondamentales de la Trigonométrie; mais ce n'est pas comme nous venons de le montrer qu'elles ont été trouvées.

C'est en intégrant l'équation

$$\frac{dx}{\sqrt{(1-x^2)(1-k^2x^2)}} \pm \frac{dy}{\sqrt{(1-y^2)(1-k^2y^2)}} = 0,$$

que l'on est arrivé à la découverte des formules d'addition. La méthode la plus simple qui ait été donnée pour l'intégration de cette formule est due à Lagrange. D'autres méthodes, plus simples en apparence, ont l'inconvénient de s'appuyer sur des artifices qui supposent évidemment que l'on connaît d'avance l'intégrale.

AUTRE MANIÈRE POUR ARRIVER AUX FORMULES D'ADDITION DES FONCTIONS ELLIPTIQUES.

L'équation

$$\frac{dx}{\sqrt{(1-x^2)(1-k^2x^2)}} - \frac{dy}{\sqrt{(1-y^2)(1-k^2y^2)}} = 0,$$

qui devient, par les substitutions $x = \sin\varphi$, $y = \sin\psi$,

$$(1) \qquad \frac{d\varphi}{\sqrt{1-k^2\sin^2\varphi}} - \frac{d\psi}{\sqrt{1-k^2\sin^2\psi}} = 0,$$

admet pour intégrale

$$\int_0^x \frac{dx}{\sqrt{(1-x^2)(1-k^2x^2)}} - \int_0^y \frac{dy}{\sqrt{(1-y^2)(1-k^2y^2)}} = \text{const.};$$

mais on peut lui trouver, comme l'ont prouvé Euler et Lagrange, une intégrale algébrique. Posons, à cet effet, avec Lagrange,

$$(2)\qquad \frac{d\varphi}{\sqrt{1-k^2\sin^2\varphi}}=\frac{d\psi}{\sqrt{1-k^2\sin^2\psi}}=dt$$

ou

$$(3)\qquad \frac{d\varphi}{dt}=\sqrt{1-k^2\sin^2\varphi},\quad \frac{d\psi}{dt}=\sqrt{1-k^2\sin^2\psi},$$

puis

$$(4)\qquad \varphi+\psi=p,\quad \varphi-\psi=q;$$

on aura

$$(5)\qquad \begin{cases} \dfrac{1}{2}\left(\dfrac{dp}{dt}+\dfrac{dq}{dt}\right)=\sqrt{1-k^2\sin^2\dfrac{p+q}{2}}, \\ \dfrac{1}{2}\left(\dfrac{dp}{dt}-\dfrac{dq}{dt}\right)=\sqrt{1-k^2\sin^2\dfrac{p-q}{2}}; \end{cases}$$

d'où

$$\frac{dp}{dt}=\sqrt{1-k^2\sin^2\frac{p+q}{2}}+\sqrt{1-k^2\sin^2\frac{p-q}{2}},$$
$$\frac{dq}{dt}=\sqrt{1-k^2\sin^2\frac{p+q}{2}}-\sqrt{1-k^2\sin^2\frac{p-q}{2}},$$

d'où l'on tire

$$\frac{dp}{dt}\frac{dq}{dt}=k^2\left[\sin^2\frac{(p-q)}{2}-\sin^2\frac{(p+q)}{2}\right],$$

ou enfin

$$(6)\qquad \frac{dp}{dt}\frac{dq}{dt}=-k^2\sin p\sin q.$$

Mais, en différentiant (3), on a

$$\frac{d^2\varphi}{dt^2}=\frac{-k^2\sin\varphi\cos\varphi}{\sqrt{1-k^2\sin^2\varphi}}\frac{d\varphi}{dt}=-k^2\sin\varphi\cos\varphi,$$
$$\frac{d^2\psi}{dt^2}=-k^2\sin\psi\cos\psi;$$

d'où l'on tire, par addition et soustraction,

$$(7)\quad \left\{\begin{aligned} \frac{d^2p}{dt^2} &= -k^2 \sin p \cos q, \\ \frac{d^2q}{dt^2} &= -k^2 \sin q \cos p. \end{aligned}\right.$$

De (6) et (7), on tire

$$\frac{d^2p}{dp\,dq} = \frac{\cos q}{\sin q}, \quad \frac{d^2q}{dp\,dq} = \frac{\cos p}{\sin p},$$

ou

$$\frac{d^2p}{dp} = \frac{\cos q\,dq}{\sin q}, \quad \frac{d^2q}{dq} = \frac{\cos p\,dp}{\sin p},$$

ou

$$\frac{dp}{dt} = \alpha \sin q, \quad \frac{dq}{dt} = \alpha' \sin p,$$

α et α' désignant deux constantes qui doivent rentrer l'une dans l'autre. En remplaçant p et q par leurs valeurs dans ces formules, on a

$$(8)\quad \left\{\begin{aligned} \sqrt{1 - k^2 \sin^2\varphi} + \sqrt{1 - k^2 \sin^2\psi} &= \alpha \sin(\varphi - \psi), \\ \sqrt{1 - k^2 \sin^2\varphi} - \sqrt{1 - k^2 \sin^2\psi} &= \alpha' \sin(\varphi + \psi). \end{aligned}\right.$$

Ce sont là deux intégrales de la formule (1); mais, en éliminant dt entre les deux formules précédentes, on obtient une nouvelle intégrale. En effet, on a

$$\frac{dp}{\alpha \sin q} = \frac{dq}{\alpha' \sin p} \quad \text{ou} \quad \alpha' \sin p\,dp = \alpha \sin q\,dq,$$

et, en intégrant,

$$\alpha \cos p = \alpha' \cos q + \alpha'',$$

α'' étant une nouvelle constante, et l'on a

$$(9)\quad \alpha \cos(\varphi + \psi) = \alpha' \cos(\varphi - \psi) + \alpha''.$$

Or, on peut mettre l'intégrale de la formule (1) sous la forme

$$(10)\quad \int_0^{\varphi} \frac{d\varphi}{\sqrt{1-k^2\sin^2\varphi}} - \int_0^{\psi} \frac{d\psi}{\sqrt{1-k^2\sin^2\psi}} = \int_0^{\mu} \frac{d\mu}{\sqrt{1-k^2\sin^2\mu}},$$

μ désignant une constante à laquelle se réduit φ pour $\psi = 0$. Si, dans les formules (8) et (9), on fait $\psi = 0$, on a

$$\sqrt{1 - k^2\sin^2\mu} + 1 = \alpha \sin\mu,$$
$$\sqrt{1 - k^2\sin^2\mu} - 1 = \alpha' \sin\mu,$$
$$\alpha\cos\mu = \alpha'\cos\mu + \alpha''.$$

On en tire

$$\alpha = \frac{\sqrt{1 - k^2\sin^2\mu} + 1}{\sin\mu}, \qquad \alpha' = \frac{\sqrt{1 - k^2\sin^2\mu} - 1}{\sin\mu},$$

$$\alpha'' = \frac{\sqrt{1 - k^2\sin^2\mu} + 1}{\sin\mu}\cos\mu - \frac{\sqrt{1 - k^2\sin^2\mu} - 1}{\sin\mu}\cos\mu,$$

ou

$$\alpha'' = \frac{2\cos\mu}{\sin\mu}.$$

En portant dans la formule (9) ces valeurs de α, α', α'', on a

$$\frac{\sqrt{1 - k^2\sin^2\mu} + 1}{\sin\mu}\cos(\varphi + \psi) = \frac{\sqrt{1 - k^2\sin^2\mu} - 1}{\sin\mu}\cos(\varphi - \psi) + \frac{2\cos\mu}{\sin\mu},$$

et, en effectuant,

$$(11)\qquad \cos\varphi\cos\psi - \sqrt{1 - k^2\sin^2\mu}\,\sin\varphi\sin\psi = \cos\mu.$$

Cette formule est une des intégrales les plus célèbres de l'équation (1); les formules (8) en fournissent deux autres :

$$(12)\quad \left\{\begin{aligned} &\sqrt{1-k^2\sin^2\varphi}+\sqrt{1-k^2\sin^2\psi}\\ &\qquad=\frac{\sqrt{1-k^2\sin^2\mu}+1}{\sin\mu}\sin(\varphi-\psi),\\ &\sqrt{1-k^2\sin^2\varphi}-\sqrt{1-k^2\sin^2\psi}\\ &\qquad=\frac{\sqrt{1-k^2\sin^2\mu}-1}{\sin\mu}\sin(\varphi+\psi),\end{aligned}\right.$$

identiques au fond à la formule (11).

Maintenant, si l'on fait

$$\int_0^\varphi \frac{d\varphi}{\sqrt{1-k^2\sin^2\varphi}}=a,\quad \int_0^\psi \frac{d\psi}{\sqrt{1-k^2\sin^2\psi}}=b,$$

la formule (1) donnera

$$\int_0^\mu \frac{d\mu}{\sqrt{1-k^2\sin^2\mu}}=a-b;$$

donc

$$\varphi=\operatorname{am} a,\quad \psi=\operatorname{am} b,\quad \mu=\operatorname{am}(a-b).$$

Les formules (11) et (12) donneront alors

$$(13)\quad \begin{aligned} &\operatorname{cn}a\operatorname{cn}b\operatorname{dn}(a-b)-\operatorname{sn}a\operatorname{sn}b=\operatorname{cn}(a+b),\\ &\operatorname{dn}a-\operatorname{dn}b=\frac{\operatorname{dn}(a-b)+1}{\operatorname{sn}(a-b)}(\operatorname{sn}a\operatorname{cn}b-\operatorname{sn}b\operatorname{cn}a),\\ &\operatorname{dn}a+\operatorname{dn}b=\frac{\operatorname{dn}(a-b)-1}{\operatorname{sn}(a-b)}(\operatorname{sn}a\operatorname{cn}b+\operatorname{sn}b\operatorname{cn}a).\end{aligned}$$

Si nous posons, un instant, $\operatorname{dn}(a-b)=y$, $\operatorname{sn}(a-b)=x$, nous aurons, au lieu de ces dernières formules,

$$\begin{aligned} x(\operatorname{dn}a-\operatorname{dn}b)&=(y+1)(\operatorname{sn}a\operatorname{cn}b-\operatorname{sn}b\operatorname{cn}a),\\ x(\operatorname{dn}a+\operatorname{dn}b)&=(y-1)(\operatorname{sn}a\operatorname{cn}b+\operatorname{sn}b\operatorname{cn}a),\end{aligned}$$

ou

$$\begin{aligned} x\operatorname{dn}a-y\operatorname{sn}a\operatorname{cn}b&=-\operatorname{sn}b\operatorname{cn}a,\\ x\operatorname{dn}b-y\operatorname{sn}b\operatorname{cn}a&=-\operatorname{sn}a\operatorname{cn}b.\end{aligned}$$

On en tire

$$\mathrm{sn}(a-b)=\frac{\mathrm{sn}^2 a\,\mathrm{cn}^2 b-\mathrm{sn}^2 b\,\mathrm{cn}^2 a}{\mathrm{dn}\,b\,\mathrm{cn}\,b\,\mathrm{sn}\,a-\mathrm{dn}\,a\,\mathrm{cn}\,a\,\mathrm{sn}\,b},$$

$$\mathrm{dn}(a+b)=\frac{\mathrm{sn}\,b\,\mathrm{dn}\,b\,\mathrm{cn}\,a-\mathrm{sn}\,a\,\mathrm{dn}\,a\,\mathrm{cn}\,b}{\mathrm{dn}\,b\,\mathrm{cn}\,b\,\mathrm{sn}\,a-\mathrm{dn}\,a\,\mathrm{cn}\,a\,\mathrm{sn}\,b}.$$

Si l'on multiplie haut et bas ces deux formules par l'expression conjuguée de leur dénominateur, on a, en observant que $\mathrm{sn}^2 a\,\mathrm{cn}^2 b-\mathrm{sn}^2 b\,\mathrm{cn}^2 a$ est égal à $\mathrm{sn}^2 a-\mathrm{sn}^2 b$,

$$(14)\qquad \mathrm{sn}(a-b)=\frac{\mathrm{dn}\,b\,\mathrm{cn}\,b\,\mathrm{sn}\,a-\mathrm{dn}\,a\,\mathrm{cn}\,a\,\mathrm{sn}\,b}{1-k^2\,\mathrm{sn}^2 a\,\mathrm{sn}^2 b},$$

$$(15)\qquad \mathrm{dn}(a-b)=\frac{k^2\,\mathrm{sn}\,a\,\mathrm{sn}\,b\,\mathrm{cn}\,a\,\mathrm{cn}\,b+\mathrm{dn}\,a\,\mathrm{dn}\,b}{1-k^2\,\mathrm{sn}^2 a\,\mathrm{sn}^2 b}.$$

C. Q. F. D.

SUR LES PÉRIODES ÉLÉMENTAIRES.

Soit $f(z)$ une fonction doublement périodique. Considérons les points M_{00} et M_{10} qui représentent les imaginaires z_0 et $z_0+\omega$, ω désignant une période de $f(z)$. On peut toujours supposer que ω soit la plus petite période d'argument égal à l'argument de ω; car il n'existe pas deux périodes distinctes de même argument; toutes sont multiples de l'une d'elles, que l'on peut appeler ω. Soit ϖ une période distincte de ω, et supposons-la aussi la plus petite de celles qui possèdent son argument. Soit M_{01} le point qui représente l'imaginaire $z_0+\varpi$; sur les droites $M_{00}M_{10}$ et $M_{00}M_{01}$, on peut construire un parallélogramme que l'on pourra considérer comme un parallélogramme des périodes; on lui donne le nom de parallélogramme *élémentaire*, si aucun des points de son aire joints à M_{00} ne fournit une nouvelle période.

Il est clair que le parallélogramme élémentaire peut se former en prenant la période ω pour base et en faisant mouvoir le côté $M_{00}M_{10}$, pris pour base, parallèlement à lui-même, jusqu'à ce qu'il rencontre un point M_{01}, tel que $M_{00}M_{01}$ soit une période.

Soient ω et ϖ deux périodes élémentaires; ω' et ϖ' deux nouvelles périodes; il faudra nécessairement que l'on ait

$$(1) \quad \begin{cases} \omega' = m\omega + n\varpi, \\ \varpi' = m'\omega + n'\varpi, \end{cases}$$

m et n, m' et n' désignant des entiers; car une période quelconque s'obtiendra en joignant le point M_{00} à l'un des points de croisement M_{mn} des droites formant le réseau des parallélogrammes des périodes ω, ϖ. Pour que les périodes ω', ϖ' puissent former un nouveau parallélogramme élémentaire, il faut que m et n soient premiers entre eux, ainsi que m' et n'. En effet, si m et n avaient le diviseur commun δ, en posant $m = \delta m''$, $n = \delta n''$, on aurait

$$\omega' = \delta(m''\omega + n''\varpi),$$

et $\frac{\omega'}{\delta}$ serait une période; ω' ne saurait donc être une période élémentaire; mait ω et ϖ doivent s'exprimer en ω' et ϖ' sous les formes

$$\omega = \mu\omega' + \nu\varpi',$$
$$\varpi = \mu'\omega' + \nu'\varpi',$$

ce qui exige que le déterminant du système (1) divise $n\varpi' - n'\omega'$ et $m\varpi' - m'\omega'$, c'est-à-dire n, n', m et m'. Or, m et n étant premiers entre eux, le déterminant est égal à l'unité, et l'on a

$$mn' - nm' = \pm 1.$$

Soit

$$\omega = a + b\sqrt{-1},$$
$$\varpi = a' + b'\sqrt{-1},$$
$$\omega' = ma + na' + \sqrt{-1}(mb + nb'),$$
$$\varpi' = m'a + n'a' + \sqrt{-1}(m'b + n'b'),$$

l'aire du second parallélogramme des périodes est

$$(ma + na')(m'b' + n'b') - (m'a + n'a')(ma + nb')$$

ou

$$\begin{vmatrix} m & n \\ m' & n' \end{vmatrix} \begin{vmatrix} a & b \\ a' & b' \end{vmatrix} = ab' - ba'.$$

Donc :

Les aires des parallélogrammes élémentaires sont égales.

SUR LA FORME GÉNÉRALE DES FONCTIONS DOUBLEMENT PÉRIODIQUES, ET LEUR EXPRESSION EN FONCTION DE L'UNE D'ELLES.

THÉORÈME I. — *Il existe toujours une fonction doublement périodique admettant deux périodes données, deux zéros donnés et deux infinis donnés, pourvu que la somme des zéros soit égale à la somme des infinis à des multiples des périodes près.*

En effet, nous avons vu qu'il existait deux fonctions distinctes φ_1 et φ_2 satisfaisant aux formules

$$\varphi(x + \omega) = \varphi(x),$$

$$\varphi(x + \varpi) = \varphi(x) e^{-\frac{\pi\sqrt{-1}}{\omega} 2(x + c)},$$

et que la solution la plus générale de ces équations était

$$A_1 \varphi_1 + A_2 \varphi_2 = \varphi.$$

Ces fonctions φ_1 et φ_2 ont chacune deux zéros dans le parallélogramme des périodes ω et ϖ, ainsi que la fonction φ. Si nous divisons φ_1 par φ_2 ou si nous divisons $A_1 \varphi_1 + A_2 \varphi_2$ par $B_1 \varphi_1 + B_2 \varphi_2$, B_1 et B_2 désignant des constantes différentes de A_1 et A_2, nous obtiendrons une fonction doublement périodique $f(x)$. Soient a, b ses zéros, α et β ses infinis; considérons l'expression

$$(1 \qquad A\frac{f(x+s)-f(a'+s)}{f(x+s)-f(\alpha'+s)};$$

elle n'est plus infinie pour $x=\alpha$ ou $x=\beta$, mais elle l'est quand on pose $x=\alpha'$; elle admet en outre le zéro a'. Mais la fonction $f(x+s)-f(\alpha'+s)$, outre le zéro $x=\alpha'$, en possède un autre β', tout en conservant les infinis $x=\alpha-s$, $x=\beta-s$. On doit donc avoir, en observant que la somme des zéros est égale à celle des infinis,

$$\alpha'+\beta'\equiv\alpha-s+\beta-s \quad (*),$$

équation dans laquelle on peut choisir s, de telle sorte que β' ait une valeur donnée. L'expression (1) admettra alors deux infinis donnés α', β', le zéro donné a' et par suite un autre zéro b', tel que $\alpha'+\beta'\equiv a'+b'$; enfin le coefficient A permettra de prendre la fonction (1) égale à une quantité donnée différente de zéro pour une valeur donnée de x.

Théorème II. — *Il existe une fonction possédant les périodes ω et ϖ, les zéros $a_1, a_2, \ldots, a_n$ et les infinis $\alpha_1, \alpha_2, \ldots, \alpha_n$ satisfaisant à la relation*

$$a_1+a_2+\ldots+a_n\equiv\alpha_1+\alpha_2+\ldots+\alpha_n.$$

En effet, soit $F_1(x)$ une fonction aux périodes ω, ϖ, admettant les zéros a_1 et b_1 et les infinis α_1 et α_2, b_1 étant déterminé par la formule

$$a_1+b_1\equiv\alpha_1+\alpha_2.$$

Soit $F_2(x)$ une fonction aux mêmes périodes ayant pour zéros a_2 et b_2 et pour infinis α_3 et b_1, ... Soit $F_{n-1}(x)$ une fonction aux mêmes périodes admettant les zéros

(*) Le signe $\equiv$ est employé à la place de $=$ pour indiquer que l'on néglige des multiples des périodes.

a_{n-1} et b_{n-1} et les infinis b_{n-2} et α_n, tels que

$$a_{n-1} + b_{n-1} = \alpha_n + b_{n-2}.$$

La fonction

$$F_1(x) F_2(x) \ldots F_{n-1}(x)$$

aura les périodes ω, ϖ, les zéros a_1, a_2, ..., a_{n-1}, b_{n-1} et les infinis α_1, α_2, ..., α_n; mais on aura

$$a_1 + a_2 + \ldots + a_{n-1} + b_{n-1} = \alpha_1 + \alpha_2 + \ldots + \alpha_{n-1} + \alpha_n.$$

Théorème III. — *Deux fonctions doublement périodiques d'ordre fini dont les périodes ω et ϖ, ω' et ϖ' satisfont aux relations*

$$\Omega = m\omega = m'\omega',$$
$$\Pi = n\varpi = n'\varpi',$$

m et m' désignant des nombres entiers; en d'autres termes, deux fonctions u, v, dont les parallélogrammes élémentaires ont leurs côtés commensurables et dirigés dans le même sens, sont fonctions algébriques l'une de l'autre.

En effet, soient μ l'ordre de u, et ν l'ordre de v. Le parallélogramme de u, comme celui de v, tiendra un nombre exact de fois dans le parallélogramme ayant pour côtés Ω et Π, le premier $mn = M$ fois, le second $m'n' = N$ fois. Il en résulte que, à chaque valeur de u, correspondront, dans le parallélogramme Ω, Π, un nombre $M\mu$ de valeurs de la variable z, et par suite $M\mu$ valeurs de v; donc v est lié à u par une équation algébrique de degré $M\mu$ en v. On verrait de même qu'elle est de degré $N\nu$ en u; car u et v n'ont que des nombres limités de zéros et d'infinis et restent d'ailleurs monogènes et continues l'une par rapport à l'autre.

Théorème IV. — *Une fonction d'ordre n est liée à sa dérivée par une équation du degré n, par rapport à sa dérivée, et de degré $2n$ par rapport à la fonction.*

En effet, soit u une fonction aux périodes ω et ϖ; sa dérivée admet les mêmes périodes, mais les infinis de la dérivée sont en général en nombre double de celui de la fonction; car chaque infini de la fonction, lorsqu'il est simple, devient double dans la dérivée; en tout cas, l'ordre de la dérivée sera compris entre $n+1$ et $2n$. En vertu du théorème précédent, il existera entre u et u' une relation algébrique d'ordre n en u' et d'ordre n' en u, $n+1 \leq n' \leq 2n$, u' n'étant infini que si u est infini; le coefficient de u'^n pourra être pris égal à l'unité. A une même valeur de u correspondent n valeurs de z dont la somme est constante, et par suite n valeurs de $\frac{dz}{du} = \frac{1}{u'}$, dont la somme est nulle; donc le coefficient de u' est nul.

Par exemple, si u est du second ordre et a deux infinis distincts, on aura

$$u'^2 + \mathrm{U} = 0,$$

U désignant un polynôme du quatrième degré. Si u a un infini double, U sera seulement du troisième degré. Ce dernier théorème est de M. Méray.

DÉCOMPOSITION DES FONCTIONS A DEUX PÉRIODES EN ÉLÉMENTS SIMPLES.

Soient $\mathrm{F}(x)$ une fonction aux périodes ω et ϖ, et α_1, α_2, α_3, ... ses infinis. Soit $\theta(x)$ une fonction auxiliaire satisfaisant aux relations

$$\theta(x+\omega) = \theta(x),$$

$$\theta(x+\varpi) = \theta(x)\, e^{-\frac{2\pi\sqrt{-1}}{\omega}\mu(x+c)};$$

on aura

$$\frac{\theta'(x+\omega)}{\theta(x+\omega)} = \frac{\theta'(x)}{\theta(x)},$$

$$\frac{\theta'(x+\varpi)}{\theta(x+\varpi)} = \frac{\theta'(x)}{\theta(x)} - \frac{2\pi\sqrt{-1}}{\omega}\mu.$$

Considérons maintenant l'intégrale

$$\frac{1}{2\pi\sqrt{-1}}\int F(z)\,\frac{\theta'(z-x)}{\theta(z-x)}\,dz,$$

prise le long d'un parallélogramme des périodes. Le long des côtés parallèles à ϖ, les valeurs de l'intégrale se détruiront, et il restera à intégrer le long des deux autres côtés, ce qui donnera, en appelant p une arbitraire,

$$\frac{1}{2\pi\sqrt{-1}}\int_{p}^{p+\omega} F(z)\,\frac{2\pi\sqrt{-1}}{\omega}\,\mu\,dz,$$

résultat indépendant de μ et de p, que nous désignerons par C. Or, l'intégrale considérée est aussi égale à la somme des résidus de $F(z)\,\frac{\theta'(z-x)}{\theta(z-x)}$. Les résidus relatifs à $\theta(z-x)$ sont, en appelant $a_1, a_2, a_3, \ldots$ les zéros de $\theta(z)$,

$$F(x+a_1),\quad F(x+a_2),\quad \ldots,\quad F(x+a_\mu);$$

ceux relatifs à $F(z)$ sont

$$A_1\,\frac{\theta'(\alpha_1-x)}{\theta(\alpha_1-x)},\quad A_2\,\frac{\theta'(\alpha_2-x)}{\theta(\alpha_2-x)},\quad \ldots,$$

si les infinis α sont simples, et l'on a

$$A_i=\lim(x-\alpha)\,F(x)\quad\text{pour}\quad x=\alpha.$$

En général, si l'on pose

$$(z-\alpha)^m F(z)=\varphi(z),$$

on aura, pour résidu de $F(z)\,\frac{\theta'(z-x)}{\theta(z-x)}$,

$$\frac{d^{m-1}}{d\alpha^{m-1}}\,\frac{1}{(m-1)!}\left[\varphi(\alpha)\,\frac{\theta'(\alpha-x)}{\theta(\alpha-x)}\right].$$

En résumé, on aura

$$C = \Sigma F(x + a) + \sum \frac{d^{m-1}}{d\alpha^{m-1}} \frac{1}{(m-1)!} \left[\frac{\theta'(\alpha - x)}{\theta(\alpha - x)} \varphi(\alpha) \right].$$

Supposons $\mu = 1$ et $a = 0$; on aura, au lieu de cette formule,

$$C = F(x) + \sum \frac{d^{m-1}}{d\alpha^{m-1}} \frac{1}{(m-1)!} \left[\frac{\theta'(\alpha - x)}{\theta(\alpha - x)} \varphi(\alpha) \right],$$

et $F(x)$ se trouve décomposé ainsi :

$$F(x) = C - \sum \frac{d^{m-1}}{d\alpha^{m-1}} \frac{1}{(m-1)!} \left[\frac{\theta'(\alpha - x)}{\theta(\alpha - x)} \varphi(\alpha) \right].$$

Cette formule donne $F(x)$ décomposée en éléments simples, tous intégrables au moyen de la fonction θ, ce qui démontre la possibilité d'intégrer les fonctions à deux périodes (du moins à l'aide des fonctions auxiliaires); mais le mode de décomposition dont il vient d'être question présente encore une foule d'autres applications que M. Hermite, auquel nous devons la théorie que nous venons d'exposer, a fait connaître.

Nous allons montrer immédiatement comment les intégrales de deuxième et de troisième espèce se ramènent par les considérations précédentes aux fonctions Θ et H de Jacobi.

La fonction de seconde espèce

$$\int \frac{z^2\,dz}{\sqrt{(1 - z^2)(1 - k^2 z^2)}},$$

quand on y fait $z = \operatorname{sn} x$, devient, à un facteur constant k^2 près,

$$\int k^2 \operatorname{sn}^2 x\,dx.$$

C'est cette intégrale que nous allons étudier. L'intégrale de troisième espèce

$$\int \frac{dz}{(1 - n^2 z^2)\sqrt{(1 - z^2)(1 - k^2 z^2)}}.$$

devient, pour $z = \operatorname{sn} x$,

$$(a)\qquad \int \frac{dx}{1 - n^2 \operatorname{sn}^2 x};$$

nous la remplacerons par

$$\int \frac{k^2 \operatorname{sn} a \operatorname{cn} a \operatorname{dn} a \operatorname{sn}^2 x}{1 - k^2 \operatorname{sn}^2 a \operatorname{sn}^2 x},$$

en posant $n^2 = k^2 \operatorname{sn}^2 a$ et en observant que l'intégrale (a) ne diffère de celle-ci que par une fonction linéaire de x et par un facteur constant.

ÉTUDE DE LA FONCTION $Z(x)$.

La fonction

$$Z(x) = \int_0^x k^2 \operatorname{sn}^2 x \, dx$$

est évidemment monodrome, car les résidus de $\operatorname{sn}^2 x$ sont nuls; nous allons le vérifier.

Décomposons, par la méthode de M. Hermite, $\operatorname{sn}^2 x$ en éléments simples, cette fonction ayant pour périodes $2K$ [puisque $\operatorname{sn}(x + 2K) = -\operatorname{sn} x$] et $2K'\sqrt{-1}$. Évaluons l'intégrale

$$(1)\qquad \frac{1}{2\pi\sqrt{-1}} \int \operatorname{sn}^2 z \, \frac{H'(z-x)}{H(z-x)} \, dz$$

le long d'un parallélogramme de côtés $2K$ et $2K'\sqrt{-1}$; le long des côtés verticaux, le résultat de l'intégration est nul; le long des côtés horizontaux, le résultat est

$$\frac{1}{2\pi\sqrt{-1}} \int_\alpha^{\alpha + 2K} \operatorname{sn}^2 z$$
$$\times \left[\frac{H'(z-x)}{H(z-x)} - \frac{H'(z - x + 2K'\sqrt{-1})}{H(z - x + 2K'\sqrt{-1})} \right] dz.$$

En vertu de la formule

$$H(x + 2K'\sqrt{-1}) = -H(x)e^{-\frac{\pi\sqrt{-1}}{K}(x+K'\sqrt{-1})},$$

l'intégrale considérée se réduit à

$$\frac{1}{2}\int_{\alpha}^{\alpha+2K} \operatorname{sn}^2 z \frac{1}{K} dz = \frac{1}{2K}\int_0^{2K} \operatorname{sn}^2 z dz;$$

nous désignerons cette quantité par C. Mais l'intégrale (1) est aussi égale à la somme des résidus de la fonction placée sous le signe $\int$; le résidu relatif au point x est $\operatorname{sn}^2 x$; calculons celui qui est relatif au point $K'\sqrt{-1}$. Posons pour cela $z = K'\sqrt{-1} + h$; nous aurons

$$\operatorname{sn}^2(K'\sqrt{-1} + h)\frac{H'(K'\sqrt{-1} - x + h)}{H(K'\sqrt{-1} - x + h)}$$

$$= \frac{1}{k^2 \operatorname{sn}^2 h}\left\{\frac{H'(K'\sqrt{-1} - x)}{H(K\sqrt{-1} - x)} + h\left[\frac{H'(K'\sqrt{-1} - x)}{H(K'\sqrt{-1} - x)}\right]'\right\},$$

et par suite le coefficient de $\frac{1}{h}$ ou le résidu cherché est

$$\frac{1}{k^2}\left[\frac{H'(K'\sqrt{-1} - x)}{H(K\sqrt{-1} - x)}\right]'.$$

Si l'on observe que

$$H(-x + K'\sqrt{-1}) = \sqrt{-1}\,\Theta(-x)e^{-\frac{\pi\sqrt{-1}}{4K}(-2x+K'\sqrt{-1})},$$

on a

$$\frac{H'(K\sqrt{-1} - x)}{H(K\sqrt{-1} - x)} = -\frac{\Theta'(-x)}{\Theta(-x)} + \frac{\pi\sqrt{-1}}{2K}.$$

Notre résidu devient

$$-\frac{1}{k^2}\left[\frac{\Theta'(-x)}{\Theta(-x)}\right]' = \frac{1}{k^2}\left[\frac{\Theta'(x)}{\Theta(x)}\right]'.$$

On a donc enfin

$$C = \operatorname{sn}^2 x + \frac{1}{k^2}\left[\frac{\Theta'(x)}{\Theta(x)}\right]',$$

ou, en intégrant, en multipliant par k^2 et en posant $Ck^2 = \zeta$,

$$Z(x) = \zeta x - \frac{\Theta'(x)}{\Theta(x)};$$

telle est l'expression de $Z(x)$, monodrome comme l'on voit. On en déduit

$$(2) \qquad \int_0^x Z(x)\,dx = \zeta\frac{x^2}{2} - \log\frac{\Theta(x)}{\Theta(0)},$$

et l'on constate que la fonction

$$e^{-\int_0^x Z(x)\,dx} = e^{-\zeta\frac{x^2}{2}}\frac{\Theta(x)}{\Theta(0)}$$

est monodrome également. M. Weierstrass la désigne par le symbole $\mathrm{Al}\,x$. Il désigne par $\mathrm{Al}_1 x$, $\mathrm{Al}_2 x$, $\mathrm{Al}_3 x$ les produits de $\mathrm{Al}\,x$ par $\operatorname{sn} x$, $\operatorname{cn} x$, $\operatorname{dn} x$.

La constante ζ est susceptible de prendre une forme remarquable. En effet, en différentiant (2), on a

$$Z(x) = \zeta x - \frac{\Theta'(x)}{\Theta(x)},$$

et, en différentiant encore,

$$\operatorname{sn}^2 x = \zeta - \frac{\Theta''(x)\,\Theta(x) - \Theta'^2(x)}{\Theta^2(x)}.$$

Si l'on fait alors $x = 0$, on a

$$0 = \zeta - \frac{\Theta''(0)}{\Theta(0)},$$

ou enfin

$$\zeta = \frac{\Theta''(0)}{\Theta(0)}.$$

On a ainsi plusieurs expressions de la constante ζ, que l'on peut considérer comme parfaitement connue.

ÉTUDE DE L'INTÉGRALE ELLIPTIQUE DE TROISIÈME ESPÈCE.

On peut parfois éviter la méthode de décomposition donnée plus haut. En voici un exemple :

La formule [14] donne

$$\Theta(x+a)\Theta(x-a) = \frac{\Theta^2(a)}{\Theta^2(0)}\Theta^2(x) - \frac{H^2(a)}{\Theta^2(0)}H^2(x);$$

on peut l'écrire

$$\Theta(x+a)\Theta(x-a) = \frac{\Theta^2(x)\Theta^2(a)}{\Theta^2(0)}(1 - k^2 \operatorname{sn}^2 x \operatorname{sn}^2 a).$$

On en déduit immédiatement

$$1 - k^2 \operatorname{sn}^2 a \operatorname{sn}^2 x = \frac{\Theta^2(0)\Theta(x+a)\Theta(x-a)}{\Theta^2(x)\Theta^2(a)}.$$

En prenant les dérivées logarithmiques des deux membres par rapport à a, on trouve (en observant que $\operatorname{sn}' a = \operatorname{dn} a \operatorname{cn} a$),

$$\frac{-2k^2 \operatorname{sn} a \operatorname{cn} a \operatorname{dn} a \operatorname{sn}^2 x}{1 - k^2 \operatorname{sn}^2 a \operatorname{sn}^2 x} = \frac{\Theta'(x+a)}{\Theta(x+a)} - \frac{\Theta'(x-a)}{\Theta(x-a)} - 2\frac{\Theta'(a)}{\Theta(a)}.$$

Si l'on change les signes et que l'on intègre de zéro à x, on trouve

$$\int_0^x \frac{k^2 \operatorname{sn} a \operatorname{cn} a \operatorname{dn} a \operatorname{sn}^2 x}{1 - k^2 \operatorname{sn}^2 a \operatorname{sn}^2 x}\,dx = x\frac{\Theta'(a)}{\Theta(a)} + \frac{1}{2}\log\frac{\Theta(x-a)}{\Theta(x+a)}.$$

Cette intégrale n'est pas tout à fait l'intégrale de troisième espèce de Legendre, mais il est clair qu'elle s'y ramène aisément. Jacobi la désigne par $\Pi(x, a)$. Ainsi l'on a

$$(1) \qquad \Pi(x, a) = x\frac{\Theta'(a)}{\Theta(a)} + \frac{1}{2}\log\frac{\Theta(x-a)}{\Theta(x+a)}.$$

On en conclut, en changeant x en a et a en x, puis en retranchant,

$$\Pi(x, a) - \Pi(a, x) = x\frac{\Theta'(a)}{\Theta(a)} - a\frac{\Theta'(x)}{\Theta(x)}.$$

On peut d'ailleurs s'assurer que les valeurs des logarithmes se sont détruites, en observant que l'on doit avoir une identité pour $x = 0$, $a = 0$.

C'est dans l'égalité précédente que consiste *l'échange du paramètre et de l'argument,* proposition généralisée dans la théorie des fonctions abéliennes. On peut aussi l'écrire

$$\Pi(x, a) - \Pi(a, x) = xZ(a) - aZ(x).$$

EXPRESSION D'UNE FONCTION DOUBLEMENT PÉRIODIQUE AU MOYEN D'UNE FONCTION DU SECOND ORDRE AUX MÊMES PÉRIODES. — THÉORÈME DE M. LIOUVILLE.

Soit $f(x)$ une fonction monodrome et monogène du second ordre aux périodes ω et ϖ; soient α et $s - \alpha$ ses infinis, s désignant la quantité constante à laquelle se réduit la somme des valeurs de z pour lesquelles $f(z)$ prend une valeur donnée dans un même parallélogramme. Soit $F(z)$ une fonction quelconque aux mêmes périodes ω, ϖ; soient $\beta_1, \beta_2, \ldots, \beta_p$ ses infinis. La fonction $\dfrac{F(z)}{f(z) - f(x)}$ intégrée le long d'un parallélogramme des périodes donne un résultat nul : la somme de ses résidus est donc nulle.

La somme des résidus relatifs aux infinis x et $s - x$ de $\dfrac{1}{f(z) - f(x)}$ est

$$F(x)\frac{1}{f'(x)} + F(s-x)\frac{1}{f'(s-x)},$$

ou bien

$$\frac{F(x) - F(s - x)}{f'(x)},$$

en observant que, $f(x)$ étant égal à $f(s - x)$, $f'(x)$ doit être égal et de signe contraire à $f'(s - x)$. La somme des résidus relatifs à $F(x)$ étant alors représentée par

$$\frac{1}{2\pi\sqrt{-1}}\int_F \frac{F(z)\,dz}{f(z) - f(x)},$$

on aura

$$(1)\quad F(x) - F(s - x) = \frac{1}{2\pi\sqrt{-1}} f'(x) \int_F \frac{F(z)\,dz}{f(x) - f(z)},$$

le signe F placé au-dessous du signe $\int$ indiquant qu'on ne doit intégrer qu'autour des infinis de $F(z)$.

Si l'on considère en second lieu la fonction

$$\frac{F(z)f'(z)}{f(z) - f(x)},$$

son intégrale prise le long d'un parallélogramme sera encore nulle, et il en sera de même de la somme de ses résidus. Or la somme des résidus relatifs à $\frac{f'(z)}{f(z) - f(x)}$ est égale à

$$F(x) + F(s - x) - F(\alpha) - F(s - \alpha),$$

et l'on a par suite

$$F(x) + F(s - x) - F(\alpha) - F(s - \alpha) + \frac{1}{2\pi\sqrt{-1}}\int_F \frac{F(z)f'(z)}{f(z) - f(x)}\,dz = 0,$$

ou bien

$$F(x) + F(s - x) = F(\alpha) + F(s - \alpha) + \frac{1}{2\pi\sqrt{-1}}\int_F \frac{F(z)f'(z)}{f(x) - f(z)}\,dz.$$

La comparaison de cette formule avec (1) donne

$$2F(x) = F(\alpha) + F(s-\alpha) + \frac{1}{2\pi\sqrt{-1}} \int_F \frac{F(z)[f'(x)+f'(z)]}{f(z)-f(x)} dz,$$

ou bien encore

$$(2)\quad \left\{ \begin{aligned} 2F(x) &= F(\alpha) + F(s-\alpha) \\ &\quad + \frac{1}{(\mu-1)!} \sum \frac{d^{\mu-1}}{d\beta^{\mu-1}} \left[\theta(\beta) \frac{f'(x)+f'(\beta)}{f(x)-f(\beta)} \right], \end{aligned} \right.$$

en posant $F(z) = (z-\beta)^\mu \theta(z)$, μ désignant le degré de multiplicité de l'infini β. Quand $\mu = 1$, le symbole $\frac{1}{(\mu-1)!} \sum \frac{d^{\mu-1}}{d\beta^{\mu-1}}$ doit être supprimé.

La formule (2) montre que *toute fonction aux périodes* ω, ϖ *peut s'exprimer rationnellement au moyen de la fonction du second ordre* f *et de sa dérivée.*

On voit, en outre, que cette dérivée n'entrera que sous forme linéaire.

Ce théorème est dû à M. Liouville, mais l'expression (2) explicite de F, que nous venons de donner, n'est, je crois, pas encore connue ; du moins on ne la trouve pas dans le Traité de MM. Briot et Bouquet.

Remarque. — La théorie précédente tomberait en défaut si $F(x)$ et $f(x)$ avaient des infinis communs, mais on tournerait facilement la difficulté en développant $F(x)$ divisé par une puissance convenablement choisie de $f(x)$.

APPLICATION DES CONSIDÉRATIONS PRÉCÉDENTES AU PROBLÈME DIT DE LA MULTIPLICATION.

Le problème de la multiplication des fonctions elliptiques a pour but de faire connaître $\operatorname{sn} mx$, $\operatorname{cn} mx$,

$\operatorname{dn} mx$ en fonction de $\operatorname{sn} x$, $\operatorname{cn} x$, $\operatorname{dn} x$. Notre formule (2) du paragraphe précédent résout cette question plus simplement et plus complétement qu'on ne l'avait fait jusqu'ici.

Soient k le module de $\operatorname{sn} x$, $4K$ et $2K'\sqrt{-1}$ ses périodes, m un nombre entier : $\operatorname{sn} m(x-a)$ admet évidemment les mêmes périodes. Construisons le parallélogramme des périodes, de telle sorte que ses côtés coïncident avec l'axe des x et l'axe des y positifs, puis déplaçons infiniment peu ce parallélogramme, en plaçant le sommet primitivement à l'origine, dans l'angle des coordonnées négatives.

Les infinis de $\operatorname{sn} x$ sont $K'\sqrt{-1}$ et $2K+K'\sqrt{-1}$, ceux de $\operatorname{sn} m(x-a)$ sont

$$\beta' = a + (2i+1)\frac{K'\sqrt{-1}}{m} + (2j+1)\frac{K'}{m},$$

$$\beta'' = a + (2i+1)\frac{K'\sqrt{-1}}{m} + 2j\frac{2K}{m},$$

i et j variant de zéro à $m-1$. En faisant $s=2K$, la formule (2) du paragraphe précédent donne

$$(1)\quad \left\{\begin{aligned} 2\operatorname{sn} m(x-a) &= \operatorname{sn} m(K'\sqrt{-1}-a) \\ &\quad + \operatorname{sn} m(K'\sqrt{-1}+2K-a) \\ &\quad + \Sigma\, \text{résidu}.\operatorname{sn} m(z-a)\frac{\operatorname{sn}' x + \operatorname{sn}' z}{\operatorname{sn} x - \operatorname{sn} z}. \end{aligned}\right.$$

Le résidu relatif à un infini β' s'obtiendra en cherchant la limite de

$$\begin{aligned} &z\operatorname{sn} m(\beta'-a+z)\frac{\operatorname{sn}' x + \operatorname{sn}'\beta'}{\operatorname{sn} x - \operatorname{sn}\beta'} \\ &= z\operatorname{sn}\left[(2i+1)K'\sqrt{-1}+(2j+1)2K+mz\right]\frac{\operatorname{sn}' x + \operatorname{sn}'\beta'}{\operatorname{sn} x - \operatorname{sn}\beta'} \\ &= z\,\frac{-1}{k\operatorname{sn} mz}\,\frac{\operatorname{sn}' x + \operatorname{sn}'\beta'}{\operatorname{sn} x - \operatorname{sn}\beta'}. \end{aligned}$$

Cette limite est

$$-\frac{1}{km}\frac{\operatorname{sn}'x+\operatorname{sn}'\beta'}{\operatorname{sn}x-\operatorname{sn}\beta'}.$$

L'infini β'' conduit au résidu

$$\frac{1}{km}\frac{\operatorname{sn}'x+\operatorname{sn}'\beta''}{\operatorname{sn}x-\operatorname{sn}\beta''}.$$

La formule (1) devient ainsi

$$2\operatorname{sn}m(x-a)$$

$$=\sum\frac{1}{km}\frac{\operatorname{sn}'x+\operatorname{sn}'\left[\frac{2i+1}{m}K'\sqrt{-1}+4j\frac{K}{m}+a\right]}{\operatorname{sn}x-\operatorname{sn}\left[\frac{2i+1}{m}K'\sqrt{-1}+4j\frac{K}{m}+a\right]}$$

$$-\sum\frac{1}{km}\frac{\operatorname{sn}'x-\operatorname{sn}'\left[\frac{2i+1}{m}K'\sqrt{-1}+(2j+1)\frac{2K}{m}+a\right]}{\operatorname{sn}x-\operatorname{sn}\left[\frac{2i+1}{m}K'\sqrt{-1}+(2j+1)\frac{2K}{m}+a\right]}.$$

En faisant $a=0$, on a la formule de la multiplication pour le sinus amplitude. On peut vérifier la formule précédente en prenant $m=1$; on a alors

$$2k\operatorname{sn}(x-a)$$

$$=\frac{\operatorname{sn}'x+\operatorname{sn}'(K'\sqrt{-1}+a)}{\operatorname{sn}x-\operatorname{sn}(K'\sqrt{-1}+a)}\frac{\operatorname{sn}'x+\operatorname{sn}'(K'\sqrt{-1}+2K+a)}{\operatorname{sn}x-\operatorname{sn}(K'\sqrt{-1}+2K+a)};$$

et si l'on observe que $\operatorname{sn}'x=\operatorname{cn}x\operatorname{dn}x$,

$$\operatorname{cn}(x+K'\sqrt{-1})=-\sqrt{-1}\frac{\operatorname{dn}x}{k\operatorname{sn}x},$$

$$\operatorname{dn}(x+K'\sqrt{-1})=-\sqrt{-1}\frac{\operatorname{cn}x}{\operatorname{dn}x},$$

$$\operatorname{sn}(x+K'\sqrt{-1})=\frac{1}{k\operatorname{sn}x},$$

on trouve

$$\operatorname{sn}(x-a)=\frac{\operatorname{cn}a\operatorname{dn}a\operatorname{sn}x-\operatorname{cn}x\operatorname{dn}x\operatorname{sn}a}{1-k^2\operatorname{sn}^2x\operatorname{sn}^2a}.$$

Ainsi notre méthode donne aussi l'addition des fonctions elliptiques.

Nous ne nous étendrons pas davantage sur la multiplication. La division aurait pour but de calculer $\operatorname{sn}\frac{x}{m}$, $\operatorname{cn}\frac{x}{m}$, ... en fonction de $\operatorname{sn}x$, $\operatorname{cn}x$, $\operatorname{dn}x$, ... Sans entrer dans des détails à ce sujet, disons seulement qu'Abel a démontré que les équations d'où dépend la division des fonctions elliptiques sont comme celles d'où dépend la division des fonctions circulaires, résolubles par radicaux.

APPLICATION A L'ADDITION DES FONCTIONS DE TROISIÈME ESPÈCE.

Nous avons trouvé

$$\Pi(x, a) = x\frac{\Theta'(a)}{\Theta(a)} + \frac{1}{2}\log\frac{\Theta(x-a)}{\Theta(x+a)}.$$

Si l'on désigne alors par $\alpha_1, \alpha_2, \ldots, \alpha_{2n+1}$ des arguments tels que

$$\alpha_1 + \alpha_2 + \ldots + \alpha_{2n+1} = 0,$$

on aura

$$\begin{aligned}&\Pi(\alpha_1, a) + \Pi(\alpha_2, a) + \ldots + \Pi(\alpha_{2n+1}, a)\\ &= \frac{1}{2}\log\frac{\Theta(\alpha_1 - a)\Theta(\alpha_2 - a)\ldots\Theta(\alpha_{2n+1} - a)}{\Theta(\alpha_1 + a)\Theta(\alpha_2 + a)\ldots\Theta(\alpha_{2n+1} + a)}.\end{aligned}$$

La quantité placée sous le signe log possède les périodes $4K$ et $2K'\sqrt{-1}$ par rapport à la variable a; on pourra donc l'exprimer en vertu du théorème de M. Liouville en fonction rationnelle de $\operatorname{sn}a$ et de sa dérivée $\operatorname{sn}'a$ ou $\operatorname{cn}a \times \operatorname{dn}a$. Nous ne donnons pas ici cette expression, qui est un peu compliquée.

DÉVELOPPEMENT DES FONCTIONS DOUBLEMENT PÉRIODIQUES EN SÉRIES TRIGONOMÉTRIQUES.

La formule de Fourier donne

$$\operatorname{sn} x = \sum_{-\infty}^{+\infty} \frac{e^{\frac{m\pi\sqrt{-1}}{2K}x}}{4K} \int_{x_0}^{x_0+4K} \operatorname{sn} z\, e^{-\frac{m\pi\sqrt{-1}}{2K}z}\, dz;$$

reste à calculer la valeur de l'intégrale qui entre dans cette formule. D'abord, en posant

$$A_m = \int_{x_0}^{x_0+4K} \operatorname{sn} z\, e^{-\frac{m\pi\sqrt{-1}}{2K}z}\, dz,$$

on trouve, au moyen de la formule $\operatorname{sn}(2K + x) = -\operatorname{sn} x$,

$$\begin{aligned} A_m &= \int_{x_0}^{x_0+2K} \operatorname{sn} z\, e^{-\frac{m\pi\sqrt{-1}}{2K}z}\, dz \\ &\quad + \int_{x_0}^{x_0+2K} (-\operatorname{sn} z)\, e^{-\frac{m\pi\sqrt{-1}}{2K}(z+2K)}\, dz \\ &= \int_{x_0}^{x_0+2K} \operatorname{sn} z[1 - (-1)^m]\, e^{-\frac{m\pi\sqrt{-1}}{2K}z}\, dz. \end{aligned}$$

L'intégrale A_m étant indépendante de x_0, on peut supposer x_0 un peu plus petit que zéro. L'intégrale étant prise le long du contour rectiligne x_0, $x_0 + 2K$ peut être remplacée par deux parallèles à $K'\sqrt{-1}$ de longueur infinie, menées l'une par x_0 et l'autre par $x_0 + 2K$ au-dessous de l'axe des x, et par une parallèle à l'axe des x, menée à l'infini. Le long de ce nouveau contour, l'intégrale sera nulle; mais il faudra lui ajouter les résidus relatifs aux points $-K'\sqrt{-1}$, $-3K'\sqrt{-1}$, $-5K'\sqrt{-1}$, ..., multipliés par $2\pi\sqrt{-1}$. De plus, ces résidus seront pris dans le sens rétrograde.

Calculons le résidu relatif au point

$$-(2n+1)K'\sqrt{-1};$$

il est égal à

$$\lim \frac{x+(2n+1)K'\sqrt{-1}}{k\,\mathrm{sn}(x+K'\sqrt{-1})} e^{-\frac{m\pi\sqrt{-1}}{2K}[-(2n+1)K'\sqrt{-1}]};$$

mais, $\mathrm{sn}'x$ étant égal à 1 pour $x=0$ ou $2\pi K'\sqrt{-1}$, cette quantité peut s'écrire

$$\frac{1}{k} q^{\frac{2n+1}{2}m}.$$

On a donc

$$A_m = \frac{1}{4kK} \sum_{n=1}^{\infty} q^{\frac{2n+1}{2}m} [1-(-1)^m] 2\pi\sqrt{-1},$$

et l'on a

$$A_{2m} = 0,$$

$$A_{2m+1} = \frac{1}{2kK} \sum q^{\frac{2n+1}{2}(2m+1)} 2\pi\sqrt{-1};$$

par conséquent

$$A_{2m+1} = \frac{1}{2kK} \frac{q^{\frac{2m+1}{2}}}{1-q^{2m+1}} 2\pi\sqrt{-1}.$$

Quand m est négatif, on a

$$\int_0^{4K} \mathrm{sn}\, z e^{\frac{m\pi\sqrt{-1}}{2K}z} dz = -\int_0^{4K} \mathrm{sn}\, z dz e^{-\frac{m\pi\sqrt{-1}}{2K}z}.$$

Les coefficients des termes également distants de l'origine sont donc égaux, et, en les groupant, on a

$$\mathrm{sn}\, x = \frac{\pi\sqrt{q}}{kK} \sum_{m=0}^{m=\infty} \frac{q^{m+}}{1-q^{2m+1}} \sin \frac{(2m+1)\pi x}{4K},$$

$$\mathrm{cn}\, x = \frac{\pi\sqrt{q}}{kK} \sum_{0}^{\infty} \frac{q^{m+1}}{1-q^{2m+1}} \cos \frac{(2m+1)\pi x}{4K},$$

$$\mathrm{dn}\, x = \frac{\pi}{4K}\left(1+4\sum^{\infty} \frac{q^m}{1+q^{2m}} \cos \frac{m\pi x}{2K}\right).$$

A ces formules il convient de joindre les suivantes, auxquelles on parvient d'une façon toute semblable :

$$\frac{\Theta'(x)}{\Theta(x)} = \frac{2\pi}{K} \sum_{1}^{\infty} \frac{q^m}{1 - q^{2m}} \sin \frac{m\pi x}{K},$$

$$\frac{\Theta'_1(x)}{\Theta_1(x)} = \frac{2\pi}{K} \sum_{1}^{\infty} \frac{(-1)^m q^m}{1 - q^{2m}} \sin \frac{m\pi x}{K}.$$

$\frac{H'(x)}{H(x)}$ devenant infini pour $x = 0$, on développera

$$\frac{d}{dx}\left[\frac{H(x)}{\sin\frac{\pi x}{2K}}\right];$$

on trouvera alors

$$\frac{H'(x)}{H(x)} = \frac{\pi}{2K} \cot \frac{\pi x}{2K} + \frac{2\pi}{K} \sum \frac{q^m}{1 - q^{2m}} \sin \frac{m\pi x}{K},$$

$$\frac{H'_1(x)}{H_1(x)} = -\frac{\pi}{2K} \operatorname{tang} \frac{\pi x}{2K} + \frac{2\pi}{K} \sum \frac{(-1)^m q^m}{1 - q^{2m}} \sin \frac{m\pi x}{K}.$$

De ces dernières formules on tire

$$\frac{d \log \operatorname{sn} x}{dx} = \frac{\operatorname{cn} x \operatorname{dn} x}{\operatorname{sn} x} = \frac{\pi}{2K} \cot \frac{\pi x}{2K} - \frac{2\pi}{K} \sum \frac{q^m}{1 + q^m} \sin \frac{m\pi x}{K},$$

$$\frac{d \log \operatorname{cn} x}{dx} = -\frac{\pi}{2K} \operatorname{tang} \frac{\pi x}{2K} - \frac{2\pi}{K} \sum \frac{q^m}{1 + (-1)^m q^m} \sin \frac{m\pi x}{K},$$

$$\frac{d \log \operatorname{dn} x}{dx} = -\frac{4\pi}{K} \sum \frac{q^{2m-1}}{1 - q^{2(2m-1)}} \sin \frac{(2m-1)\pi x}{2K}.$$

On arrive plus simplement à ces résultats comme il suit.

Rappelons la formule

$$-\frac{1}{2} \log(1 - 2r\cos\varphi + r^2) = r\cos\varphi + \frac{r^2}{2}\cos 2\varphi + \frac{r^3}{3}\cos 3\varphi \ldots,$$

et partons de

$$\Theta(x) = c\left(1 - 2q\cos\frac{\pi x}{K} + q^2\right)\left(1 - 2q^3\cos\frac{\pi x}{K} + q^6\right)\ldots,$$

nous aurons

$$\frac{1}{2}\log\Theta(x) = \frac{1}{2}\log c - \cos\frac{\pi x}{K}\frac{q}{1-q^2}$$
$$- \frac{1}{2}\cos\frac{2\pi x}{K}\frac{q^2}{1-q^4} - \ldots,$$

et, en prenant les dérivées, nous aurons le développement de $\frac{\Theta'(x)}{\Theta(x)}$. On obtient d'une façon analogue ceux de $\frac{\Theta'_1(x)}{\Theta_1(x)}$, $\frac{H'(x)}{H(x)}$ et $\frac{H'_1(x)}{H(x)}$.

SUR LE PROBLÈME DE LA TRANSFORMATION.

Le problème de la transformation a pour but la comparaison des fonctions elliptiques correspondant à des modules différents. Exposons, d'abord, la théorie que Jacobi donne dans son ouvrage intitulé : *Fundamenta nova theoriæ functionum ellipticarum.*

Si dans l'expression

$$\frac{dx}{\sqrt{A + Bx + Cx^2 + Dx^3 + Ex^4}}$$

on pose $x = \frac{U}{V}$, U et V désignant des polynômes entiers en y, on aura

$$(1)\quad \left\{ \begin{aligned} &\frac{dx}{\sqrt{A + Bx + Cx^2 + Dx^3 + Ex^4}} \\ &\quad = \frac{V\,dU - U\,dV}{\sqrt{AV^4 + BV^3U + CV^2U^2 + DVU^3 + EU^4}}, \end{aligned} \right.$$

et l'on peut, d'une infinité de manières, déterminer U et V, de telle sorte que le second membre de cette formule soit de la forme

$$\frac{dy}{\sqrt{A' + B'y + C'y^2 + D'y^3 + E'y^4}}.$$

En effet, pour que dans le second membre de (4) le polynôme sous le radical se ramène au quatrième degré, il faut que ce polynôme, qui est d'un degré quadruple de celui de U et V, ne contienne que des facteurs doubles, à l'exception de quatre qui seront simples; on aura donc, en appelant T un polynôme entier,

$$AV^4 + BV^3U + \ldots + EU^4 \\ = T^2(A' + B'y + C'y^2 + D'y^3 + E'y^4);$$

le second membre de (1) se réduira alors à la forme demandée si l'on a

$$(2) \qquad \frac{VdU - UdV}{Tdy} = \text{const.}$$

Or, il en est ainsi quand U et V sont de même degré ou de degrés différents d'une unité. Soit en effet

$$A + Bx + Cx^2 + Dx^3 + Ex^4 \\ = E(x-\alpha)(x-\beta)(x-\gamma)(x-\delta),$$

et par suite

$$AV^4 + BV^3U + CV^2U^2 + DVU^3 + EU^4 \\ = E(U-\alpha V)(U-\beta V)(U-\gamma V)(U-\delta V).$$

Les facteurs $(U-\alpha V)$, $(U-\beta V)$, ... sont premiers entre eux, car tout diviseur simple de $U-\alpha V$ et de $U-\beta V$, par exemple, sera diviseur simple de U et V, et, comme on peut supposer U et V premiers entre eux, les facteurs $U-\alpha V$, ... le seront aussi. Or on a identiquement

$$-\alpha(VdU - UdV) = (U-\alpha V)dU - Ud(U-\alpha V);$$

il en résulte que tout facteur double de $U-\alpha V$ est facteur de $VdU - UdV$, car ce facteur appartient à la dérivée $\frac{d}{dy}(U-\alpha V)$.

En résumé, le polynôme $AV^4 + BV^3U + \ldots$ jouit de cette propriété que ses facteurs doubles sont aussi facteurs doubles de $U - \alpha V$, de $U - \beta V$, de $U - \gamma V$ ou de $U - \delta V$, puisque ces polynômes ne peuvent avoir de facteur commun, et, par suite, ses facteurs doubles divisent $UdV - VdU$. Si donc on suppose tous les facteurs de $AV^4 + BV^3U + \ldots$ doubles, à l'exception de quatre d'entre eux, le polynôme T divisera

$$VdU - UdV.$$

Si alors on suppose que V et U soient de même degré p, ou l'un de degré p et l'autre de degré $p - 1$, $AV^4 + \ldots$ sera de degré $4p$, T^2 de degré $4p - 4$ et T de degré $2p - 2$;

$$UdV - VdU$$

est évidemment de même degré, et, par suite, la formule (2) est satisfaite.

On pourra donc effectuer la transformation d'une infinité de manières, car on pourra d'une infinité de manières déterminer les coefficients de U et V, de telle sorte que $AV^4 + BV^3U \ldots$ ait tous ses facteurs doubles à l'exception de quatre d'entre eux, U et V étant de degrés différents de zéro ou de 1.

Le *degré* de la transformation est le degré de celui des polynômes U, V qui possède le degré le plus élevé.

TRANSFORMATION DU DEUXIÈME DEGRÉ.

Nous n'avons pas à parler de la transformation du premier degré; on a vu que non-seulement elle réussissait toujours, mais encore qu'elle servait à la réduction à la forme canonique.

Si l'on veut opérer la transformation du second degré, deux des facteurs $V - \alpha U$, $V - \beta U$, ... devront être des carrés parfaits; on devra donc poser

$$U - \alpha V = (my + m')^2, \quad U - \beta V = (ny + n')^2.$$

On en conclut

$$\frac{U - \alpha V}{U - \beta V} = \frac{(my + m')^2}{(ny + n')^2},$$

ou bien, en observant que $\frac{U}{V} = x$,

$$\frac{x - \alpha}{x - \beta} = \frac{(my + m')^2}{(ny + n')^2}.$$

On pourra ensuite déterminer m, m', n, n' de manière à donner à la nouvelle intégrale la forme canonique, mais nous n'effectuerons pas le calcul en disant toutefois qu'il existe deux solutions à la question.

MÉTHODE D'ABEL.

Supposons que l'on désire calculer toutes les valeurs de y rationnelles par rapport à x, et telles que

$$\frac{dy^2}{(1 - y^2)(1 - k^2 y^2)} = \frac{\varepsilon^2 dx^2}{(1 - x^2)(1 - k^2 x^2)}.$$

Si l'on pose

$$y = \frac{P}{Q},$$

P et Q désignant des fonctions entières de degré μ, à chaque valeur de y correspondront μ valeurs de x, et si l'on désigne par x_1 et x_2 deux d'entre elles, on aura

$$\frac{dx_1}{\sqrt{(1 - x_1^2)(1 - k x_1^2)}} = \frac{\pm dx_2}{\sqrt{(1 - x_2)^2 (1 - k^2 x_2^2)}}.$$

Si l'on égale à du les deux membres de la formule

précédente, on aura, si l'on veut,

$$x_1 = \mathrm{sn}\, u,$$
$$x_2 = \mathrm{sn}(\alpha \pm u),$$

α désignant une constante; on peut se borner à considérer le signe $+$, car $\mathrm{sn}(\alpha - u) = \mathrm{sn}(2K + u - \alpha)$ et $2K - \alpha$ est une constante. Ainsi, l'une des racines de l'équation $y = \frac{P}{Q}$ étant représentée par $\mathrm{sn}\, u$, les autres seront de la forme $\mathrm{sn}(u + \alpha)$. Si donc on pose $\frac{P}{Q} = \psi(x)$, on aura

$$y = \psi(\mathrm{sn}\, u)$$

identiquement, et, comme on a aussi $y = \psi(\mathrm{sn}\, \overline{u + \alpha})$, il faut en conclure

$$\psi(\mathrm{sn}\, u) = \psi(\mathrm{sn}\, \overline{u + \alpha}) = \psi(\mathrm{sn}\, \overline{u + 2\alpha}) \ldots;$$

par suite, les racines de $y = \psi(x)$ sont

$$\mathrm{sn}\, u, \quad \mathrm{sn}\, \overline{u + \alpha}, \quad \mathrm{sn}\, \overline{u + 2\alpha}, \quad \mathrm{sn}\, \overline{u + 3\alpha}, \quad \ldots;$$

mais les racines de l'équation en question sont en nombre limité au plus égal à μ : il est facile d'en conclure que les μ valeurs de x se décomposent en cycles

$$\begin{array}{llll} \mathrm{sn}\, u, & \mathrm{sn}(u + \alpha), & \ldots, & \mathrm{sn}(u + \overline{n - 1}\, \alpha), \\ \mathrm{sn}\, u', & \mathrm{sn}(u' + \alpha), & \ldots, & \mathrm{sn}(u' + \overline{n - 1}\, \alpha), \\ \ldots & \ldots & \ldots & \ldots, \end{array}$$

n désignant un sous-multiple de μ. Si μ est un nombre premier, les cycles se réduiront à un seul. Nous examinerons en particulier le cas où μ est un nombre premier impair. Les solutions de $y = \psi(x)$ sont alors

$$\mathrm{sn}\, u, \quad \mathrm{sn}(u + \alpha), \quad \ldots, \quad \mathrm{sn}(u + \overline{\mu - 1}\, \alpha);$$

mais, $\mathrm{sn}(u + \mu\alpha)$ étant égal à $\mathrm{sn}\, u$, il faut que $\mu\alpha$ soit une période; donc

$$\alpha = \frac{1}{\mu}\left(4Km + 2K'n\sqrt{-1}\right).$$

Mais l'équation $y = \psi(x)$ est de la forme

$$(A_\mu - B_\mu y)x^\mu + \ldots + A_0 - B_0 y = 0;$$

on en déduit, pour le produit des racines,

$$x_1 x_2 \ldots x_\mu = \pm \frac{A_0 - B_0 y}{A_\mu - B_\mu y},$$

et pour y une expression de la forme

$$y = \frac{a' + a x_1 x_2 \ldots x_\mu}{b' + b x_1 x_2 \ldots x_\mu}.$$

On peut simplifier cette expression; on a en effet

$$\begin{aligned} x_i &= \operatorname{sn}(u + \overline{i-1}\,\alpha), \\ x_{\mu-i} &= \operatorname{sn}(u + \mu\alpha - \overline{i-1}\,\alpha) = \operatorname{sn}(u - \overline{i-1}\,\alpha), \end{aligned}$$

car $\mu\alpha$ est une période, et, en faisant usage d'une formule connue,

$$x_i x_{\mu-i} = \frac{\operatorname{sn}^2 u - \operatorname{sn}^2(i-1)\alpha}{1 - k^2 \operatorname{sn}^2 u \operatorname{sn}^2(i-1)\alpha};$$

on a donc

$$x_1 x_2 \ldots x_\mu = \frac{\operatorname{sn} u(\operatorname{sn}^2 u - \operatorname{sn}^2\alpha)(\operatorname{sn}^2 u - \operatorname{sn}^2 2\alpha)\ldots\left(\operatorname{sn}^2 u - \operatorname{sn}^2 \frac{\mu-1}{2}\alpha\right)}{(1 - k^2 \operatorname{sn} u \operatorname{sn}\alpha)\ldots\left(1 - k^2 \operatorname{sn} u \operatorname{sn}\frac{\mu-1}{2}\alpha\right)}.$$

Le produit $x_1 x_2 \ldots x_\mu$ est ainsi exprimé à l'aide de la seule racine $x_1 = \operatorname{sn} u$. Alors y prend la forme

$$y = \frac{a' + a\varphi(x_1)}{b' + b\varphi(x_1)}.$$

TRANSFORMATION DE LANDEN.

Considérons un demi-cercle tracé sur $AB = 2R$ comme diamètre : soient O son centre, P un point fixe pris sur AB, M un point variable de la circonférence, soient $OP = a$, $MPO = \psi$, $MAO = \varphi$. Supposons que le

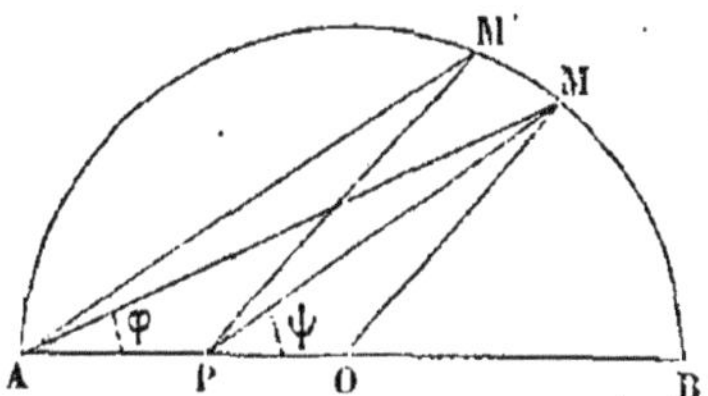

point M se déplace infiniment peu et posons $MM' = ds$, nous aurons

$$(1)\qquad \frac{ds}{MP} = \frac{\sin M'PM}{\sin PM'M}.$$

Or

$$ds = 2R\,d\varphi,\quad MP = \sqrt{R^2 + a^2 + 2aR\cos 2\varphi},\quad M'PM = d\psi,$$

et $MM'P$ est égal à $\frac{\pi}{2}$ plus l'angle que OM fait avec MP ou PMO ; (1) devient alors

$$(2)\qquad \frac{2R\,d\varphi}{\sqrt{R^2 + a^2 + 2aR\cos 2\varphi}} = \frac{d\psi}{\cos PMO}.$$

Si l'on observe alors que

$$\frac{R}{\sin\psi} = \frac{a}{\sin PMO}$$

ou

$$R\sin PMO = a\sin\psi,$$

$$R^2\cos^2 PMO = R^2 - a^2\sin^2\psi,$$

la formule (2) deviendra

$$\frac{2\,d\varphi}{\sqrt{R^2 + a^2 + 2aR\cos 2\varphi}} = \frac{d\psi}{\sqrt{R^2 - a^2\sin^2\psi}},$$

ou bien

$$\frac{2\,d\varphi}{\sqrt{(R + a)^2 - 4aR\sin^2\varphi}} = \frac{d\psi}{\sqrt{R^2 - a^2\sin^2\psi}},$$

ou enfin

$$\frac{2R}{R + a}\,\frac{d\varphi}{\sqrt{1 - \frac{4aR}{(R+a)^2}\sin^2\varphi}} = \frac{d\psi}{\sqrt{1 - \frac{a^2}{R^2}\sin^2\psi}}.$$

Posons

$$(3)\qquad \sqrt{\frac{4aR}{(R+a)^2}} = k, \quad \frac{a}{R} = k_1,$$

et nous aurons

$$(4)\qquad \frac{2R}{R + a}\,\frac{d\varphi}{\sqrt{1 - k^2\sin^2\varphi}} = \frac{d\psi}{\sqrt{1 - k_1^2\sin^2\psi}}.$$

Le triangle PMO donne d'ailleurs

$$\frac{a}{R} = k_1 = \frac{\sin(2\varphi - \psi)}{\sin\psi},$$

d'où

$$\frac{1 - k_1}{1 + k_1} = \frac{\sin\psi - \sin(2\varphi - \psi)}{\sin\psi + \sin(2\varphi - \psi)},$$

ou bien

$$(5)\qquad \frac{1 - k_1}{1 + k_1} = \frac{\operatorname{tang}(\psi - \varphi)}{\operatorname{tang}\varphi};$$

d'ailleurs les équations (3) donnent

$$(6)\qquad k = \frac{2\sqrt{k_1}}{1 + k_1},$$

et la formule (4) devient

$$(7)\qquad \int_0^\varphi \frac{2}{1 + k_1}\,\frac{d\varphi}{\sqrt{1 - k^2\sin^2\varphi}} = \int_0^\psi \frac{d\psi}{\sqrt{1 - k_1^2\sin^2\psi}}.$$

Voici comment on fera usage de ces formules : supposons que l'on veuille calculer

$$\int_0^{\psi} \frac{d\psi}{\sqrt{1 - k_1^2 \sin^2\psi}},$$

on calculera à l'aide de (6) un nouveau module k, et à l'aide de la substitution (5) (que l'on n'aura pas besoin d'effectuer réellement si l'on n'a pas besoin de faire un calcul numérique), on convertira l'intégrale proposée en une autre de module k, donné par la formule (6). Il est facile de prouver que $k < k_1$; en répétant alors la substitution, on peut ainsi obtenir ce que l'on appelle une *échelle de modules* de plus en plus voisins de un; on pourra donc développer l'intégrale suivant les puissances de $1 - k$, et l'on aura une série très-convergente.

Je dis, en effet, que $k < k_1$: c'est ce que prouve la formule (6), car la moyenne arithmétique $\frac{1 + k_1}{2}$ de 1 et k_1 est moindre que leur moyenne géométrique $\sqrt{k_1}$: ainsi $k < 1$; donc on finira par rendre $k < 1$. Supposons déjà $k_1 < 1$, on a

$$\frac{1 + k_1}{2} > 1 :$$

donc $\frac{2\sqrt{k_1}}{1 + k_1} > \sqrt{k_1} > k_1$; ainsi $k > k_1$, mais $k < 1$: donc, etc.

On peut donc aussi se donner k et calculer k_1; si alors k est moindre que l'unité, on aura $k_1 < k$, et l'on obtiendra des modules tendant vers zéro; quand k sera très-petit, l'intégrale elliptique développée suivant les puissances de k sera rapidement convergente.

Il est facile de voir que, si l'on pose

$$k = \sin\theta,$$

on aura

$$k_1 = \text{tang}^2 \frac{\theta}{2},$$

$$\text{tang}(\psi - \varphi) = \cos\theta \, \text{tang}\varphi,$$

ce qui simplifie le calcul logarithmique.

SUR LES APPLICATIONS DES THÉORIES PRÉCÉDENTES.

Nous avons vu que toute intégrale d'une fonction rationnelle de x et d'un radical tel que

$$\sqrt{ax^4 + bx^3 + cx^2 + dx + e}$$

se ramenait à trois types simples ne renfermant plus que le radical

$$\sqrt{A(1 + mx^2)(1 + m'x^2)}.$$

Ce radical, dans lequel A, m, m' peuvent être supposés réels, comme on l'a vu, si a, b, c, d, e le sont eux-mêmes, peut se ramener au suivant :

$$\sqrt{(1 - x^2)(1 - k^2x^2)},$$

en faisant sortir A de dessous le radical et en posant $mx^2 = -z^2$ et $-\frac{m'}{m} = k^2$; mais alors k n'est pas nécessairement réel. Je me propose maintenant de montrer que l'on peut toujours supposer k réel et compris entre zéro et 1, ce qui simplifiera évidemment la construction des Tables des fonctions elliptiques.

D'abord, on peut toujours supposer $A = \pm 1$ en faisant sortir sa valeur absolue de dessous le radical; enfin, on peut supposer $m = \pm 1$, en posant $x\sqrt{m} = z$, si m est positif, et $x\sqrt{-m} = z$, si z est négatif. Ainsi nous pourrons toujours supposer $m = \pm 1$ et $m' = \pm k^2$. Cela posé, on a vu et l'on vérifie très-facilement que, en posant $k'^2 = 1 - k^2$,

$$(1) \quad \text{Si} \quad z = \operatorname{sn} x, \quad \text{on a} \quad \frac{dz}{dx} = \sqrt{(1-z^2)(1-k^2z^2)},$$

$$(2) \quad z = \frac{1}{\operatorname{sn} x}, \quad \frac{dz}{dx} = -k\sqrt{(1-z^2)\left(1-\frac{1}{k^2}z^2\right)},$$

$$(3) \quad z = \operatorname{dn} x, \quad \frac{dz}{dx} = -k'\sqrt{-(1-z^2)\left(1-\frac{1}{k'^2}z^2\right)},$$

$$(4) \quad z = \frac{1}{\operatorname{dn} x}, \quad \frac{dz}{dx} = -\sqrt{-(1-z^2)(1-k'^2z'^2)},$$

$$(5) \quad z = \operatorname{tn} x, \quad \frac{dz}{dx} = \sqrt{(1+z^2)(1+k'^2z^2)},$$

$$(6) \quad z = \frac{1}{\operatorname{tn} x}, \quad \frac{dz}{dx} = -k'\sqrt{(1+z^2)\left(1+\frac{1}{k'^2}z^2\right)},$$

$$(7) \quad z = \operatorname{cn} x, \quad \frac{dz}{dx} = -k'\sqrt{(1-z^2)\left(1+\frac{k^2}{k'^2}z^2\right)},$$

$$(8) \quad z = \frac{1}{\operatorname{cn} x}, \quad \frac{dz}{dx} = k\sqrt{-(1-z^2)\left(1+\frac{k'^2}{k^2}z^2\right)}.$$

Dans ces formules, on peut constater que le radical est partout de la forme

$$\sqrt{\pm(1\pm z^2)(1\pm k_1^2z^2)},$$

et que l'on y rencontre toutes les combinaisons possibles des signes avec toutes les valeurs réelles et positives de k_1^2, en supposant $k^2 < 1$, trois combinaisons exceptées, à savoir

$$\sqrt{-(1+z^2)(1+k_1^2z^2)}, \quad \sqrt{\pm(1+z^2)(1-k_1^2z^2)};$$

mais la première est impossible si le radical doit être réel, et les deux autres rentrent dans les formes (7) et

(8) par le changement de $\frac{k}{k'}z$ en z ou de $\frac{k'}{k}z$ en z. Nous n'en parlerons donc pas.

Il résulte de là que toutes les équations de la forme

$$\frac{dz}{dx} = A\sqrt{\pm(1 \pm mz^2)(1 \pm m'z^2)}$$

s'intégreront par les fonctions elliptiques, et que toute intégrale de la forme

$$\int F\left[z, \sqrt{\pm(1 + mz^2)(1 + m'z^2)}\right] dz$$

se ramènera à la forme

$$\int f\left[z, \sqrt{(1 - z^2)(1 - k_1^2 z^2)}\right] dz,$$

où l'on aura

$$k_1^2 < 1.$$

Montrons sur un exemple la marche à suivre pour opérer cette réduction. Supposons qu'il s'agisse de l'intégrale

$$u = \int \frac{dz}{\sqrt{(1 + z^2)(1 - k_1^2 z^2)}};$$

en posant $k_1 z = \zeta$, on aura

$$u = \frac{1}{k_1} \int \frac{d\zeta}{\sqrt{(1 - \zeta^2)\left(1 + \frac{1}{k_1^2}\zeta^2\right)}}.$$

On posera [*voir* formule (7)]

$$\frac{1}{k_1^2} = \frac{k^2}{1 - k^2},$$

d'où

$$k^2 = \frac{1}{1 + k_1^2} < 1,$$

et l'on aura

$$(a) \qquad u = \frac{k}{k'} \int \frac{d\zeta}{\sqrt{(1-\zeta^2)\left(1+\frac{k^2}{k'^2}\zeta^2\right)}}.$$

On en conclut que ζ est égal à $\operatorname{cn}\left(-\frac{k'^2}{k}u + \text{const.}\right)$, et par suite que

$$\sqrt{1-\zeta^2} = \operatorname{sn}\left(-\frac{k'^2}{k}u + \text{const.}\right).$$

Si donc on pose

$$\sqrt{1-\zeta^2} = z,$$

z sera le sinus amplitude d'un multiple de u, et l'intégrale u sera ramenée à la forme voulue

$$u = -\frac{1}{k} \int \frac{dz}{\sqrt{(1-z^2)(1-k^2z^2)}}.$$

La méthode de réduction que nous venons d'indiquer a, sur celles que l'on enseigne, l'avantage d'être purement analytique; elle se retrouve facilement; si l'on n'indique pas la marche qui conduit aux substitutions à effectuer, on peut hésiter longtemps avant de les retrouver. D'ailleurs, notre méthode a l'avantage de donner immédiatement z exprimé en fonction de u au moyen des fonctions sn, cn, dn.

Voici d'ailleurs les substitutions à effectuer dans les différents cas pour réduire l'intégrale

$$\int F\left[x, \sqrt{A(1+mx^2)(1+m'x^2)}\right] dx$$

à la forme

$$\int f\left[z, \sqrt{(1-z^2)(1-k^2z^2)}\right] dz \quad \text{ou} \quad k < 1,$$

d'après MM. Briot et Bouquet, 1re édition, p. 194.

1° A positif, $m = -h^2$, $m' = -h'^2$, $h > h'$, on pose

$$x = \frac{z}{h}.$$

2° A positif, $m = -h^2$, $m' = h'^2$,

$$hx = \sqrt{1 - z^2}.$$

3° A positif, $m = h^2$, $m' = h'^2$, $h > h'$.

$$hx = \frac{z}{\sqrt{1 - z^2}}.$$

4° A négatif, $m = -h^2$, $m' = h'^2$,

$$hx = \frac{1}{\sqrt{1 - z^2}}.$$

5° A négatif, $m = -h^2$, $m' = -h'^2$, $h > h'$,

$$h'x = \sqrt{1 - \frac{h^2 - h'^2}{h^2} z^2}.$$

Quand on a ramené le radical à la forme voulue, il reste encore à calculer les quantités que l'on a désignées par K et K' et dont dépendent les périodes. A cet effet, on calcule d'abord la quantité $q = e^{-\pi \frac{K'}{K}}$; on part pour cela de la formule

$$\operatorname{dn} x = \sqrt{k'} \frac{\Theta_1(x)}{\Theta(x)}.$$

Si l'on fait $x = 0$, on a

$$\sqrt{k'} = \frac{\Theta(0)}{\Theta_1(0)} = \frac{1 - 2q + 2q^4 - 2q^9 - \ldots}{1 + 2q + 2q^4 + 2q^9 + \ldots}.$$

On pourra résoudre cette équation par la méthode du retour des suites. Quand on connaît q, K se calcule facilement, et, en effet, on a

$$\frac{\operatorname{sn} x}{x} = \frac{1}{\sqrt{k}} \frac{H(x)}{x\Theta(x)},$$

et, pour $x = 0$,

$$1 = \frac{1}{\sqrt{k}} \frac{H'(0)}{\Theta(0)}.$$

En faisant, dans l'expression de $\operatorname{sn} x$, $x = K$, $\operatorname{sn} x$ devient égal à 1, et l'on a

$$1 = \frac{1}{\sqrt{k}} \frac{H(K)}{\Theta(K)};$$

donc

$$1 = \frac{H'(0)\,\Theta(K)}{H(K)\,\Theta(0)}.$$

Remplaçons $H'(0) = \lim \frac{H(x)}{x}$ pour $x = 0$, $\Theta(K)$, $H(K)$ et $\Theta(0)$ par leurs développements en produits, nous aurons

$$\frac{2K}{\pi} = \frac{(1-q^2)^2(1-q^4)^2\ldots}{(1-q)^2(1-q^3)^2\ldots} \frac{(1+q)^2(1+q^3)^2\ldots}{(1+q^2)^2(1+q^4)^2\ldots}$$

ou

$$\begin{aligned}\sqrt{\frac{2K}{\pi}} &= \frac{(1-q^2)(1-q^4)\ldots}{(1-q)(1-q^3)\ldots} \frac{(1+q)(1+q^3)\ldots}{(1+q^2)(1+q^4)\ldots} \\ &= \frac{(1-q)(1-q^2)\ldots(1+q)(1+q^2)\ldots(1+q)(1+q^3)\ldots}{(1-q)(1-q^3)\ldots(1+q^2)(1+q^4)\ldots} \\ &= (1+q)^2(1+q^3)^2(1+q^5)^2\ldots(1-q^2)(1-q^4)(1-q^6)\ldots\end{aligned}$$

C'est précisément la valeur de $\Theta_1(0)$.

On a donc finalement

$$\sqrt{\frac{2K}{\pi}} = \Theta_1(0) = 1 + 2q + 2q^4 + 2q^9 + \ldots,$$

d'où l'on conclut K.

Mais il est clair que l'on pourra aussi calculer K et K' par les formules

$$K = \int_0^1 \frac{dx}{\sqrt{(1-x^2)(1-k^2x^2)}}, \quad K' = \int_0^1 \frac{dx}{\sqrt{(1-x^2)(1-k'^2x^2)}},$$

en les développant en série. Si k est voisin de l'unité, K sera donné par une série peu convergente; mais K′ sera alors donné par une série très-convergente. Pour augmenter la convergence des séries, on pourra employer la transformation de Landen.

Le développement en série de K, par exemple, se fera comme il suit :

$$[(1-x^2)(1-k^2x^2)]^{-\frac{1}{2}}$$
$$=\frac{1}{\sqrt{1-x^2}}+\frac{1}{2}k^2\frac{x^2}{\sqrt{1-x^2}}+\frac{1.3}{2.4}\frac{k^4x^4}{\sqrt{1-x^2}}+\ldots,$$

$$\int_0^1\frac{dx}{\sqrt{(1-x^2)(1-k^2x^2)}}$$
$$=\frac{\pi}{2}\left[1+\left(\frac{1}{2}\right)^2k^2+\left(\frac{1.3}{2.4}\right)^2k^4+\left(\frac{1.3.5}{2.4.6}\right)^2k^6+\ldots\right].$$

REMARQUE.

Les formules (1), (2), ..., (8) du paragraphe précédent conduisent à des formules curieuses que l'on peut rapprocher des formules élémentaires

$$\cos x=\frac{e^{x\sqrt{-1}}+e^{-x\sqrt{-1}}}{2},\quad \sin x=\frac{e^{x\sqrt{-1}}-e^{-x\sqrt{-1}}}{2\sqrt{-1}}.$$

Considérons, par exemple, la formule (5); on en tire

$$x=\int\sqrt{(1+z^2)(1-k'^2z^2)}\,dz.$$

Or z, étant la tangente amplitude de x, s'annule avec x : on doit donc prendre pour limite inférieure de l'intégrale zéro; mais alors on a

$$\sqrt{-1}\,z=\text{sn}(k',x\sqrt{-1}),$$

ou bien

$$\text{tn}(k,x)=\frac{1}{\sqrt{-1}}\text{sn}(k',x\sqrt{-1}),$$

ou encore

$$\frac{\operatorname{sn}(k, x)}{\sqrt{1 - \operatorname{sn}^2(k, x)}} = \frac{1}{\sqrt{-1}} \operatorname{sn}(k', x\sqrt{-1}).$$

Il est clair que l'on pourrait obtenir ainsi une infinité de formules du même genre, mais qui seront plus curieuses qu'utiles.

RÉSUMÉ DES PRINCIPALES FORMULES ELLIPTIQUES.

$$q = e^{-\pi \frac{K'}{K}},$$

$$\Theta(x) = 1 - 2q \cos\frac{\pi x}{K} + 2q^4 \cos\frac{2\pi x}{K} - 2q^9 \cos\frac{3\pi x}{K} + \ldots,$$

$$\Theta_1(x) = 1 + 2q \cos\frac{\pi x}{K} + 2q^4 \cos\frac{2\pi x}{K} + 2q^9 \cos\frac{3\pi x}{K} - \ldots,$$

$$H(x) = 2q^{\frac{1}{4}} \sin\frac{\pi x}{2K} - 2q^{\frac{9}{4}} \sin\frac{3\pi x}{2K} + 2q^{\frac{25}{4}} \sin\frac{5\pi x}{2K} - \ldots,$$

$$H_1(x) = 2q^{\frac{1}{4}} \cos\frac{\pi x}{2K} + 2q^{\frac{9}{4}} \cos\frac{3\pi x}{2K} + 2q^{\frac{25}{4}} \cos\frac{5\pi x}{2K} + \ldots,$$

$$c = (1 - q^2)(1 - q^4)(1 - q^6)\ldots,$$

$$\Theta(x) = c\left(1 - 2q\cos\frac{\pi x}{K} + q^2\right)\left(1 - 2q^3\cos\frac{\pi x}{K} + q^6\right)\ldots,$$

$$\Theta_1(x) = c\left(1 + 2q\cos\frac{\pi x}{K} + q^2\right)\left(1 + 2q^3\cos\frac{\pi x}{K} + q^6\right)\ldots,$$

$$H(x) = 2cq^{\frac{1}{4}} \sin\frac{\pi x}{2K}\left(1 - 2q^2\cos\frac{\pi x}{K} + q^4\right)\left(1 - 2q^4\cos\frac{\pi x}{K} + q^8\right)\ldots$$

$$H_1(x) = 2cq^{\frac{1}{4}} \cos\frac{\pi x}{2K}\left(1 + 2q^2\cos\frac{\pi x}{K} + q^4\right)\left(1 + 2q^4\cos\frac{\pi x}{K} + q^8\right)\ldots$$

$$\Theta(-x) = \Theta(x), \qquad \Theta_1(-x) = \Theta_1(x),$$

$$H(-x) = -H(x), \qquad H_1(-x) = H_1(x),$$

$$\Theta(x + K) = \Theta_1(x), \qquad \Theta(x - K) = \Theta_1(x),$$

$$\Theta_1(x + K) = \Theta(x), \qquad \Theta_1(x - K) = \Theta(x),$$

$$H(x + K) = H_1(x), \qquad H(x - K) = -H_1(x),$$

$$H_1(x + K) = -H(x), \qquad H_1(x - K) = H(x),$$

$$\Theta\ (x+2K) = \ \ \Theta\ (x),$$
$$\Theta_1(x+2K) = \ \ \Theta_1(x),$$
$$H\ (x+2K) = -H\ (x),$$
$$H_1(x+2K) = -H_1(x).$$

Si l'on fait

$$e^{-\frac{\pi\sqrt{-1}}{K}(2x+K'\sqrt{-1})} = A \quad \text{et} \quad e^{-\frac{\pi\sqrt{-1}}{4K}(2x+K'\sqrt{-1})} = B,$$

on a

$$\Theta\ (x+2K'\sqrt{-1}) = -A\Theta\ (x), \quad \Theta\ (x+K'\sqrt{-1}) = \sqrt{-1}\,BH\ (x),$$
$$\Theta_1(x+2K'\sqrt{-1}) = \ \ A\Theta_1(x), \quad \Theta_1(x+K'\sqrt{-1}) = BH_1(x),$$
$$H\ (x+2K'\sqrt{-1}) = -AH\ (x), \quad H\ (x+K'\sqrt{-1}) = \sqrt{-1}\,B\Theta(x),$$
$$H_1(x+2K'\sqrt{-1}) = \ \ AH_1(x), \quad H_1(x+K'\sqrt{-1}) = B\Theta_1(x).$$

$\Theta\ (x)$ s'annule pour $x = 2iK + (2j+1)K'\sqrt{-1}$,

$\Theta_1(x)$ » $x = (2i+1)K + (2j+1)K'\sqrt{-1}$,

$H\ (x)$ » $x = 2iK + 2jK'\sqrt{-1}$,

$H_1(x)$ » $x = (2i+1)K + 2jK'\sqrt{-1}$.

$$K = \int_0^1 \frac{dx}{\sqrt{(1-x^2)(1-k^2x^2)}}, \quad K' = \int_0^1 \frac{dx}{\sqrt{(1-x^2)(1-k'^2x^2)}},$$
$$k' = \sqrt{1-k^2},$$

$$\operatorname{sn} x = \frac{1}{\sqrt{k}}\,\frac{H(x)}{\Theta(x)}, \quad \operatorname{cn} x = \sqrt{\frac{k'}{k}}\,\frac{H_1(x)}{\Theta(x)}, \quad \operatorname{dn} x = \sqrt{k'}\,\frac{\Theta_1(x)}{\Theta(x)},$$

$\operatorname{sn} x$ s'annule pour $x \equiv 0$ et $2K$,

$\operatorname{cn} x$ » $x \equiv K, \quad -K$,

$\operatorname{dn} x$ » $x \equiv \pm K + K'\sqrt{-1}$,

Périodes de $\operatorname{sn} x = 4K, \quad 2K'\sqrt{-1}$,

» $\operatorname{cn} x = 4K, \quad 2K'\sqrt{-1} + 2K$,

» $\operatorname{dn} x = 2K, \quad 2K'\sqrt{-1}$.

Infinis des trois fonctions $\equiv K'\sqrt{-1}, \quad 2K + K'\sqrt{-1}$.

$$\operatorname{sn} 2K = 0, \qquad \operatorname{cn} 2K = 1, \qquad \operatorname{dn} 2K = 1,$$

$$\operatorname{sn} K'\sqrt{-1} = \infty, \qquad \operatorname{cn} K'\sqrt{-1} = \infty, \qquad \operatorname{dn} K'\sqrt{-1} = \infty,$$

$$\operatorname{sn} 2K'\sqrt{-1} = 0, \qquad \operatorname{cn} 2K'\sqrt{-1} = -1, \qquad \operatorname{dn} 2K'\sqrt{-1} = -1,$$

$$\operatorname{sn}(K + K'\sqrt{-1}) = \frac{1}{k}, \qquad \operatorname{cn}(K + K'\sqrt{-1}) = -\frac{k'\sqrt{-1}}{k}, \qquad \operatorname{dn}(K + K'\sqrt{-1}) = 0,$$

$$\operatorname{sn}(2K + K'\sqrt{-1}) = \infty, \qquad \operatorname{cn}(2K + K'\sqrt{-1}) = \infty, \qquad \operatorname{dn}(2K + K'\sqrt{-1}) = \infty,$$

$$\operatorname{sn}(2K + 2K'\sqrt{-1}) = 0, \qquad \operatorname{cn}(2K + 2K'\sqrt{-1}) = -1, \qquad \operatorname{dn}(2K + 2K'\sqrt{-1}) = -1.$$

$$\operatorname{sn}(-x) = -\operatorname{sn} x, \qquad \operatorname{cn}(-x) = \operatorname{cn} x, \qquad \operatorname{dn}(-x) = \operatorname{dn} x,$$

$$\operatorname{sn}(2K \pm x) = \mp \operatorname{sn} x, \qquad \operatorname{cn}(2K \pm x) = \mp \operatorname{cn} x, \qquad \operatorname{dn}(2K \pm x) = \operatorname{dn} x,$$

$$\operatorname{sn}(K'\sqrt{-1} + x) = \frac{1}{k \operatorname{sn} x}, \qquad \operatorname{cn}(K'\sqrt{-1} + x) = -\frac{\sqrt{-1}}{k}\frac{\operatorname{dn} x}{\operatorname{sn} x}, \qquad \operatorname{dn}(K'\sqrt{-1} + x) = -\sqrt{-1}\,\frac{\operatorname{cn} x}{\operatorname{sn} x},$$

$$\operatorname{sn}(K + x) = \frac{\operatorname{cn} x}{\operatorname{dn} x}, \qquad \operatorname{cn}(K + x) = -k'\frac{\operatorname{sn} x}{\operatorname{dn} x}, \qquad \operatorname{dn}(K + x) = \frac{k'}{\operatorname{dn} x},$$

$$\operatorname{sn}(2K'\sqrt{-1} + x) = \operatorname{sn} x, \qquad \operatorname{cn}(2K'\sqrt{-1} + x) = -\operatorname{cn} x, \qquad \operatorname{dn}(2K'\sqrt{-1} + x) = -\operatorname{dn} x,$$

$$\operatorname{sn}' x = \operatorname{cn} x \operatorname{dn} x, \qquad \operatorname{cn}' x = -\operatorname{sn} x \operatorname{dn} x, \qquad \operatorname{dn}' x = -k^2 \operatorname{sn} x \operatorname{cn} x.$$

$$\operatorname{sn}(a \pm b) = \frac{\operatorname{sn} a \operatorname{cn} b \operatorname{dn} b \pm \operatorname{sn} b \operatorname{cn} a \operatorname{dn} a}{1 - k^2 \operatorname{sn}^2 a \operatorname{sn}^2 b},$$

$$\operatorname{cn}(a \pm b) = \frac{\operatorname{cn} a \operatorname{cn} b \mp \operatorname{sn} a \operatorname{sn} b \operatorname{dn} a \operatorname{dn} b}{1 - k^2 \operatorname{sn}^2 a \operatorname{sn}^2 b},$$

$$\operatorname{dn}(a \pm b) = \frac{\operatorname{dn} a \operatorname{dn} b \mp k^2 \operatorname{sn} a \operatorname{sn} b \operatorname{cn} a \operatorname{cn} b}{1 - k^2 \operatorname{sn}^2 a \operatorname{sn}^2 b};$$

$$\int_0^x k^2 \operatorname{sn}^2 x \, dx = cx - \frac{\Theta'(x)}{\Theta(x)} = \mathrm{Z}(x),$$

$$c = 8 \frac{1 - 2q + 2q^4 - 2q^9 - \ldots}{q - 4q^4 + 9q^9 - \ldots},$$

$$\int_0^x \frac{k^2 \operatorname{sn} a \operatorname{cn} a \operatorname{dn} a \operatorname{sn}^2 x}{1 - k^2 \operatorname{sn}^2 a \operatorname{sn}^2 x} dx = \Pi(x, a)$$

$$= x \frac{\Theta'(a)}{\Theta(a)} + \frac{1}{2} \log \frac{\Theta(x - a)}{\Theta(x + a)}.$$

PREMIÈRES APPLICATIONS GÉOMÉTRIQUES. — FORMULES FONDAMENTALES.

Dans les applications du Calcul intégral, les fonctions trigonométriques se présentent sous leurs formes inverses quand on ne les introduit pas directement dans le calcul sous leur forme normale. Il faudra donc nous attendre à rencontrer par analogie les intégrales elliptiques avant les fonctions directes : aussi allons-nous revenir un instant sur ces fonctions inverses.

Nous avons posé

$$(1) \qquad \int_0^\varphi \frac{d\varphi}{\sqrt{1 - k^2 \sin^2 \varphi}} = \mathrm{F}(\varphi) = \mathrm{F}(k, \varphi)$$

et de là nous tirons

$$\sin \varphi = \operatorname{sn} \mathrm{F}, \quad \varphi = \operatorname{am} \mathrm{F},$$

Nous poserons encore, avec Legendre,

(2) $$\int_0^\varphi d\varphi\sqrt{1-k^2\sin^2\varphi}=\mathrm{E}(\varphi)=\mathrm{E}(\varphi,k).$$

La fonction (1) est l'intégrale de première espèce, l'intégrale $\mathrm{E}(\varphi)$ est l'intégrale de seconde espèce de Legendre : elle diffère de celle de Jacobi. On a

$$\mathrm{E}(\varphi)=\int_0^\varphi \frac{d\varphi}{\sqrt{1-k^2\sin^2\varphi}}-k^2\int_0^\varphi d\varphi\frac{\sin^2\varphi}{\sqrt{1-k^2\sin^2\varphi}}.$$

La seconde intégrale est celle de Jacobi, qui se réduit à $\mathrm{Z}(x)=k^2\int_0^x \mathrm{sn}^2 x\,dx$ quand on fait $\sin\varphi=\sin\mathrm{am}\,x$; nous la désignerons par $\mathrm{J}(\varphi)$, de sorte que $\mathrm{J}(\mathrm{am}\,x)=\mathrm{Z}(x)$; nous aurons alors

(3) $$\mathrm{E}(\varphi)=\mathrm{F}(\varphi)-\mathrm{J}(\varphi),\quad \mathrm{J}(\varphi)=\mathrm{F}(\varphi)-\mathrm{E}(\varphi).$$

La fonction elliptique de seconde espèce $\mathrm{E}(\varphi)$ représente un arc d'ellipse dont les coordonnées seraient

$$x=a\sin\varphi,\quad y=b\cos\varphi;$$

φ est alors le complément de l'anomalie excentrique, et l'on trouve

$$ds=a\,d\varphi\sqrt{1-\frac{a^2-b^2}{a^2}\sin^2\varphi},$$

et, par suite, en prenant a pour unité, et en faisant $1-b^2=k^2$,

$$ds=d\varphi\sqrt{1-k^2\sin^2\varphi};$$

on a donc

$$s=\mathrm{E}(\varphi,\sqrt{1-b^2}),$$

ce qu'il fallait prouver.

Si, pour évaluer l'arc d'hyperbole, on posait

$$x = a\frac{e^{\psi} - e^{-\psi}}{2}, \quad y = b\frac{e^{\psi} + e^{-\psi}}{2},$$

on trouverait

$$ds = a\,d\psi\sqrt{1 + \frac{a^2 + b^2}{4a^2}(e^{\psi} - e^{-\psi})^2}.$$

Par une suite de transformations, on finirait par ramener cette expression aux fonctions elliptiques, mais il est plus simple de suivre une autre voie pour évaluer l'arc d'hyperbole; nous prendrons l'équation de cette courbe sous la forme

$$a^2y^2 - b^2x^2 = a^2b^2,$$

ou

$$y = \frac{b}{a}\sqrt{a^2 + x^2}.$$

Si l'on forme l'élément d'arc $ds = \sqrt{dx^2 + dy^2}$, on trouve

$$ds = \frac{\left(a^2 + \frac{a^2 + b^2}{a^2}x^2\right)dx}{\sqrt{(a^2 + x^2)\left(a^2 + \frac{a^2 + b^2}{a^2}x^2\right)}},$$

ce que l'on peut écrire, en posant d'abord $\frac{x}{a} = x'$,

$$ds = \frac{2\left(1 + \frac{a^2 + b^2}{a^2}x'^2\right)a\,dx'}{\sqrt{(1 + x'^2)\left(1 + \frac{a^2 + b^2}{a^2}x'^2\right)}};$$

après quoi, conformément aux règles que nous avons données pour la réduction des fonctions elliptiques, nous poserons

$$\sqrt{\frac{a^2 + b^2}{a^2}}\,x' = \frac{x''}{\sqrt{1 - x''^2}};$$

nous aurons alors

$$ds = \frac{dx''}{\sqrt{(1 - x''^2)\left(1 - \frac{b^2}{a^2 + b^2} x''^2\right)}} \frac{a^2}{\sqrt{a^2 + b^2(1 - x''^2)}}.$$

Posons

$$x'' = \sin\varphi, \quad \frac{b^2}{a^2 + b^2} = k^2,$$

et nous aurons

$$ds = \frac{d\varphi}{\sqrt{1 - k^2 \sin^2\varphi}} \frac{a\sqrt{1 - k^2}}{\cos^2\varphi}.$$

Nous poserons

$$(4) \qquad \Upsilon(\varphi) = \int_0^\varphi \frac{\sqrt{1 - k^2}}{\cos^2\varphi} \frac{d\varphi}{\sqrt{1 - k^2\sin^2\varphi}};$$

l'arc d'hyperbole sera donc représenté par $a\Upsilon(\varphi)$ et simplement par $\Upsilon(\varphi)$, quand a sera l'unité. La suite des transformations que nous venons d'effectuer revient à faire

$$\sqrt{\frac{1}{1 - k^2}}\, x' = \frac{\sin\varphi}{\cos\varphi},$$

$$x = ax' = a\sqrt{1 - k^2}\,\text{tang}\,\varphi,$$

$$y = \frac{ak}{\sqrt{1 - k^2}} \frac{\sqrt{1 - k^2\sin^2\varphi}}{\cos\varphi}.$$

COMPARAISON DES ARCS D'ELLIPSE ET D'HYPERBOLE.

Nous continuerons dans ce paragraphe le numérotage de formules employé dans le précédent et nous prouverons d'abord que la fonction Υ se ramène à E et à F (il est bon de remarquer que Υ est un cas particulier de l'intégrale de troisième espèce); on a

$$\Upsilon(\varphi) = \int_0^\varphi \frac{(1-k^2)\,d\varphi}{\cos^2\varphi\sqrt{1-k^2\sin^2\varphi}}.$$

Si l'on observe alors que

$$\begin{aligned} d\operatorname{tang}\varphi\sqrt{1-k^2\sin^2\varphi} &= d\varphi\left(\frac{1}{\cos^2\varphi\sqrt{}} - \frac{k^2\operatorname{tang}^2\varphi}{\sqrt{}} - \frac{k^2\sin^2\varphi}{\sqrt{}}\right) \\ &= d\varphi\left[\frac{(1-k^2)}{\cos^2\varphi\sqrt{}} + \frac{k^2}{\sqrt{}} - k^2\frac{\sin^2\varphi}{\sqrt{}}\right], \end{aligned}$$

on aura, en intégrant et en ayant égard à (1), (2), (3),

$$(5)\qquad \operatorname{tang}\varphi\sqrt{1-k^2\sin^2\varphi} = \Upsilon(\varphi) + (k^2-1)\,F(\varphi) - E(\varphi):$$

la fonction $\Upsilon(\varphi)$ se ramène donc à $F(\varphi)$ et à $E(\varphi)$.

Mais on peut aller plus loin, et exprimer $\Upsilon(\varphi)$ au moyen de deux fonctions E d'amplitude et de modules différents. Ce théorème sera démontré si l'on prouve que $F(\varphi)$ peut être évalué en fonction de deux fonctions E; ce théorème célèbre, en vertu duquel un arc d'hyperbole peut être mesuré par deux arcs d'ellipse, est dû à Landen et porte son nom.

Or la transformation de Landen permet d'écrire

$$(6)\qquad \frac{d\varphi_1}{\sqrt{1-k_1^2\sin^2\varphi_1}} = \frac{1+k}{2}\,\frac{d\varphi}{\sqrt{1-k^2\sin^2\varphi}},$$

et la relation qui en résulte pour les angles φ et φ_1 peut s'écrire

$$(7)\qquad \sin^2\varphi_1 = \frac{1}{2}\left(1 + k\sin^2\varphi - \cos\varphi\sqrt{1-k^2\sin^2\varphi}\right);$$

d'ailleurs,

$$k = \frac{2\sqrt{k_1}}{1+k_1}.$$

Si nous multiplions membre à membre (6) et (7), nous aurons

$$\frac{1}{k_1^2} J(k_1, \varphi_1) = \frac{1+k}{4k} J(k, \varphi) + \frac{1+k}{4} F(k, \varphi) - \frac{1+k}{4} \sin\varphi,$$

ou, en vertu de (3),

$$\frac{1}{k_1^2} [F(k_1, \varphi_1) - E(k_1, \varphi_1)]$$
$$= \frac{1+k}{4k} [F(k,\varphi) - E(k, \varphi)] + \frac{1+k}{4} F(k, \varphi) - \frac{1+k}{4} \sin\varphi;$$

mais la formule (6) donne

$$F(k_1, \varphi_1) = \frac{1+k}{2} F(k, \varphi);$$

en remplaçant alors $F(k_1, \varphi_1)$ par cette valeur, on a

$$F(k, \varphi) = \frac{2}{\sqrt{1-k_2}} [E(k, \varphi) - (1+k) E(k_1, \varphi_1) + k \sin\varphi],$$

ce qui démontre le théorème énoncé.

SUR L'ADDITION DES INTÉGRALES DE PREMIÈRE ESPÈCE.

Les questions traitées ci-dessus, quoique se rattachant à la théorie des fonctions elliptiques, pourraient se traiter sans avoir aucune notion de ces fonctions; il était bon de les signaler, parce qu'elles ont fait naître des recherches ultérieures et ont été le point de départ de la théorie: on sait qu'Euler avait deviné l'intégrale algébrique de l'équation d'où dépend le théorème de l'addition des fonctions $\operatorname{sn} x$, $\operatorname{cn} x$, $\operatorname{dn} x$. Il convient de faire connaître ici une méthode géométrique due à Lagrange, qui a dû contribuer pour sa part à faciliter les premières recherches.

Soient φ, ψ, μ les côtés d'un triangle sphérique et C l'angle opposé à μ; posons

$$\frac{\sin^2 C}{\sin^2 \mu} = k^2, \quad \cos C = \pm\sqrt{1 - k^2 \sin^2 \mu}.$$

Supposons actuellement que l'on fasse varier φ et ψ en laissant μ constant, ainsi que l'angle C, nous aurons

$$(1) \qquad \cos\mu = \cos\varphi \cos\psi \pm \sin\varphi \sin\psi \sqrt{1 - k^2 \sin^2 \mu};$$

mais, le côté μ variant seulement de position, ses extrémités décrivent sur les côtés φ et ψ des éléments $d\varphi$ et $d\psi$ dont les projections sur μ doivent être égales. En effet, soient AA′ et BB′ les positions voisines du côté μ, si du point O où se croisent ces positions, comme pôle, on décrit les arcs BC, A′C, comme OB = OC, A′O = C′O, il faut bien que AC = B′C′. Or

$$AC = d\varphi \cos(\varphi, \mu), \quad B'C' = d\psi \cos(\psi, \mu):$$

donc

$$d\varphi \cos(\varphi, \mu) = d\psi \cos(\psi, \mu),$$

ou

$$d\varphi \sqrt{1 - \sin^2(\varphi, \mu)} = d\psi \sqrt{1 - \sin^2(\psi, \mu)};$$

mais

$$\frac{\sin(\varphi, \mu)}{\sin\psi} = \frac{\sin C}{\sin\mu} = k:$$

donc

$$\sin(\varphi, \mu) = k \sin\psi.$$

La formule précédente donne alors

$$(2) \qquad d\varphi \sqrt{1 - k^2 \sin^2 \psi} = \pm\, d\psi \sqrt{1 - k^2 \sin^2 \varphi}.$$

La formule (1) est donc l'intégrale de celle-ci, μ y est constant; si l'on fait alors $\psi = 0$, on a $\mu = \varphi$. Si l'on écrit (2) ainsi

$$(3) \qquad \frac{d\varphi}{\sqrt{1 - k^2 \sin^2 \varphi}} + \frac{d\psi}{\sqrt{1 - k^2 \sin^2 \varphi}} = 0,$$

ou

$$F(\varphi) + F(\psi) = F(\mu), \tag{4}$$

$F(\mu)$ désignant la constante, μ se réduira à φ pour $\psi = 0$, et (1) sera équivalente à la relation transcendante (4); la formule (1) devant avoir lieu pour $\mu = 0$ et $\varphi = -\psi$, il faudra alors prendre le signe — devant le radical. Que l'on fasse $\varphi = \text{am}\, a$, $\psi = \text{am}\, b$, $\mu = \text{am}\,(a+b)$, on aura alors

$$\text{cn}(a+b) = \text{cn}\, a\, \text{cn}\, b - \text{sn}\, a\, \text{sn}\, b\, \text{dn}(a+b).$$

Cette équation, combinée avec les suivantes :

$$\text{cn}\, a = \sqrt{1 - \text{sn}^2 a},$$
$$\text{dn}\, a = \sqrt{1 - k^2 \text{sn}^2 a},$$

fera connaître $\text{cn}(a+b)$, $\text{dn}(a+b)$ et $\text{sn}(a+b)$: on retrouve ainsi les formules fondamentales de l'addition des fonctions elliptiques. On peut retrouver ces formules en cherchant les lignes de courbure des surfaces du second ordre : c'est ce que nous allons voir.

LIGNES DE COURBURE DE L'HYPERBOLOÏDE.

On peut considérer les lignes de courbure de l'hyperboloïde gauche comme les lignes bissectrices des génératrices. Or les génératrices ont pour équations

$$\frac{x}{a} = \frac{z}{c}\cos\varphi + \sin\varphi, \quad \frac{x}{a} = \frac{z}{c}\sin\psi - \cos\psi,$$

$$\frac{y}{b} = \frac{z}{c}\sin\varphi - \cos\varphi, \quad \frac{y}{b} = \frac{z}{c}\cos\psi + \sin\psi.$$

Les paramètres φ et ψ servent à caractériser une génératrice; en les prenant pour variables, les équations différentielles des lignes de courbure prennent la forme

$$\Phi\, d\varphi = \pm \Psi\, d\psi,$$

équations dans lesquelles on a

$$\Phi^2 = \left(\frac{dx}{d\varphi}\right)^2 + \left(\frac{dy}{d\varphi}\right)^2 + \left(\frac{dz}{d\varphi}\right)^2,$$

$$\Psi^2 = \left(\frac{dx}{d\psi}\right)^2 + \left(\frac{dy}{d\psi}\right)^2 + \left(\frac{dz}{d\psi}\right)^2;$$

en effectuant les calculs, on a

$$\sqrt{1 - \sin^2\psi}\, d\varphi = \pm \sqrt{1 - \sin^2\varphi}\, d\psi,$$

ou bien

$$\frac{d\varphi}{\sqrt{1 - \sin^2\varphi}} \pm \frac{d\psi}{\sqrt{1 - \sin^2\psi}} = 0,$$

d'où l'on conclut l'équation des lignes de courbure sous forme finie. Il est assez curieux que l'on puisse ramener ainsi aux fonctions elliptiques la solution d'un problème résolu par une tout autre voie.

THÉORÈME DE PONCELET.

Voici encore une interprétation très-curieuse du théorème qui vient de nous occuper : considérons deux cercles intérieurs l'un à l'autre; soient R et r leurs

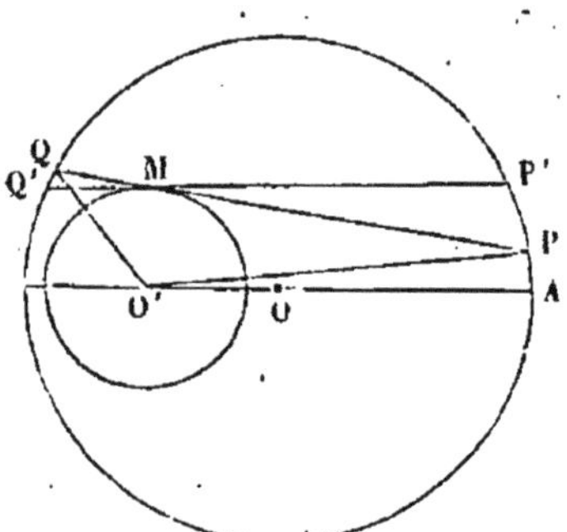

rayons et PQ, P'Q' deux tangentes infiniment voisines menées au cercle de rayon r; soit OO' la ligne des centres

$$\text{arc AP} = 2\varphi R, \quad \text{arc AQ} = 2\psi R.$$

On aura

$$\frac{PP'}{QQ'} = \frac{d\varphi}{d\psi};$$

mais les triangles semblables P P′M, QQ′M donnent

$$\frac{PP'}{QQ'} = \frac{MP}{MQ'} = \frac{MP}{MQ};$$

ainsi

$$\frac{d\varphi}{d\psi} = \frac{MP}{MQ};$$

or, à la limite, le point M vient sur le cercle r au point de contact de PQ, et l'on a

$$\overline{MP}^2 = \overline{O'P}^2 - r^2 = R^2 + a^2 - r^2 + 2Ra\cos 2\varphi,$$

$$\overline{MQ}^2 = \overline{O'Q}^2 - r^2 = R^2 + a^2 - r^2 + 2Ra\cos 2\psi:$$

on a donc

$$\frac{d\varphi}{d\psi} = \sqrt{\frac{R^2 + a^2 - r^2 + 2aR\cos 2\varphi}{R^2 + a^2 - r^2 + 2aR\cos 2\psi}}$$

$$= \sqrt{\frac{(R+a)^2 - r^2 - 2aR\sin^2\varphi}{(R+a)^2 - r^2 - 2aR\sin^2\psi}}.$$

Si l'on fait

$$k^2 = \frac{2aR}{(R+a)^2 - r^2},$$

on a l'équation connue

$$(1) \qquad \frac{d\varphi}{\sqrt{1 - k^2\sin^2\varphi}} - \frac{d\psi}{\sqrt{1 - k^2\sin^2\psi}} = 0,$$

d'où l'on peut conclure une construction géométrique de son intégrale. Mais on peut en déduire un résultat nouveau.

L'équation précédente devient, en intégrant,

$$(2) \qquad \left\{ \begin{aligned} &-\int_0^{\varphi} \frac{d\varphi}{\sqrt{1 - k\sin^2\varphi}} + \int_0^{\psi} \frac{d\varphi}{\sqrt{1 - k^2\sin^2\psi}} \\ &\qquad = \int_0^{\mu} \frac{d\mu}{\sqrt{1 - k^2\sin^2\mu}} \end{aligned} \right.$$

et μ est la valeur de ψ pour $\varphi = 0$. On voit que μ ne dépend ni de φ ni de ψ ; si donc, à partir du point φ, on mène une seconde tangente QR au cercle intérieur, et

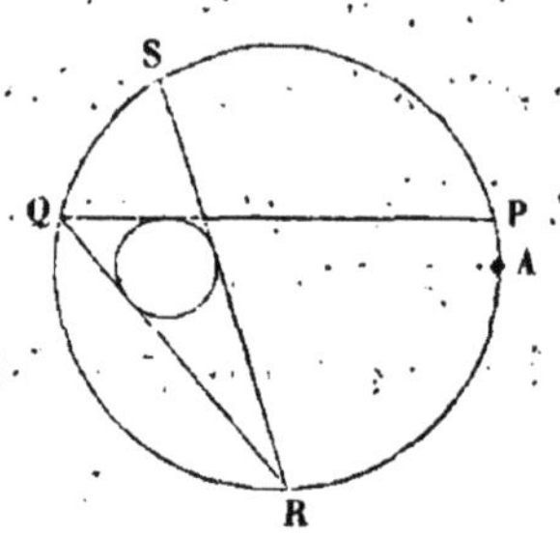

si l'on pose $AR = 2\chi$, on aura encore, en posant

$$1 - k^2 \sin^2 \varphi = \Phi, \quad 1 - k^2 \sin^2 \psi = \Psi, \quad \ldots, \quad 1 - k^2 \sin^2 \mu = M,$$

$$(3) \qquad -\int_0^\psi \frac{d\psi}{\sqrt{\Psi}} + \int_0^\chi \frac{d\chi}{\sqrt{X}} = \int_0^\mu \frac{d\mu}{\sqrt{M}};$$

en menant par R une nouvelle tangente RS, on aurait entre l'arc $2\theta = AS$ et l'arc 2χ une relation analogue : les intégrales $\int_0^\varphi \frac{d\varphi}{\sqrt{\Phi}}, \int_0^\psi \frac{d\psi}{\sqrt{\Psi}}, \ldots$ forment donc une progression arithmétique dont la raison est $\int_0^\mu \frac{d\mu}{\sqrt{M}}$.

Supposons que le polygone PQRST soit fermé et que le point T coïncide avec A, le dernier des arcs $\varphi, \psi, \chi, \ldots$ sera de la forme $\varphi + 2n\pi$. En ajoutant alors les formules, telles que (2) et (3), on a

$$-\int_0^\varphi \frac{d\varphi}{\sqrt{\Phi}} + \int_0^{\varphi + n\pi} \frac{d\varphi}{\sqrt{\Phi}} = m \int_0^\mu \frac{d\mu}{\sqrt{M}}$$

ou bien

$$\int_\varphi^{\varphi + n\pi} \frac{d\varphi}{\sqrt{1 - k^2 \sin^2 \varphi}} = m \int_0^\mu \frac{d\mu}{\sqrt{1 - k^2 \sin^2 \mu}};$$

donc le premier membre de cette formule ne dépend pas de φ; donc :

S'il existe un polygone de m côtés inscrit dans un cercle et circonscrit à un autre, il existera une infinité de polygones de m côtés jouissant de la même propriété.

Ce théorème est évidemment projectif et s'applique aux coniques ; il a été découvert par Poncelet; la démonstration précédente est de Jacobi.

ADDITION DES ARCS D'ELLIPSE. — THÉORÈME DE FAGNANO.

Nous avons posé

$$Z(x) = \int_0^x k^2 \operatorname{sn}^2 x\, dx.$$

Nous aurons alors

$$\int_0^x k^2 \operatorname{sn}^2 (x+y)\, dx = \int_y^{x+y} k^2 \operatorname{sn}^2 (x')\, dx'$$

$$- \int_0^y k^2 \operatorname{sn}^2 y\, dy$$

ou

$$\int_0^x k^2 \operatorname{sn}^2 (x+y)\, dx = Z(x+y) - Z(y),$$

$$\int_0^x k^2 \operatorname{sn}^2 (x-y)\, dx = Z(x-y) + Z(y).$$

Retranchons ces formules l'une de l'autre, en ayant égard aux relations

$$\operatorname{sn}(x+y) + \operatorname{sn}(x-y) = \frac{2 \operatorname{sn} x \operatorname{cn} y \operatorname{dn} y}{1 - k^2 \operatorname{sn}^2 x \operatorname{sn}^2 y},$$

$$\operatorname{sn}(x+y) - \operatorname{sn}(x-y) = \frac{2 \operatorname{sn} y \operatorname{cn} x \operatorname{dn} x}{1 - k^2 \operatorname{sn}^2 x \operatorname{sn}^2 y};$$

nous aurons

$$\int_0^x \frac{4k^2 \operatorname{sn} x \operatorname{sn} y \operatorname{cn} x \operatorname{cn} y \operatorname{dn} x \operatorname{dn} y}{(1 - k^2 \operatorname{sn}^2 x \operatorname{sn}^2 y)^2} dx$$

$$= Z(x+y) - 2Z(y) - Z(x-y).$$

Le premier membre est une dérivée exacte, si l'on observe que $2 \operatorname{sn} x \operatorname{cn} x \operatorname{dn} x$ est la dérivée de $\operatorname{sn}^2 x$, et l'on a

$$\frac{2 \operatorname{sn}^2 x \operatorname{sn} y \operatorname{cn} y \operatorname{dn} y}{1 - k^2 \operatorname{sn}^2 x \operatorname{sn}^2 y} = Z(x+y) - 2Z(y) - Z(x-y).$$

Si l'on pose alors

$$\varphi = \operatorname{am} x, \quad \psi = \operatorname{am} y, \quad \mu = \operatorname{am}(x+y), \quad \nu = \operatorname{am}(x-y),$$

et si l'on observe que Zu devient $J(\operatorname{am} u)$, et que

$$Z(x) = J(\varphi) = F(\varphi) - E(\varphi), \ldots,$$

la formule précédente devient

$$\frac{2 \sin^2\varphi \sin\psi \cos\psi \sqrt{1 - k^2 \sin^2\psi}}{1 - k^2 \sin^2\varphi \sin^2\varphi}$$
$$= F(\mu) - 2F(\psi) - F(\nu) - E(\mu) + 2E(\psi) + E(\nu);$$

et comme $F(\mu) = F(\varphi) + F(\psi)$,

$$\frac{2 \sin^2\varphi \sin\psi \cos\psi \sqrt{1 - k^2 \sin^2\psi}}{1 - k^2 \sin^2\varphi \sin^2\psi} = -E(\mu) + E(\nu) + 2E(\psi),$$

si l'on échange φ et ψ, μ ne change pas, ν se change en $-\nu$ et le second membre devient $-E(\mu) - E(\nu) + 2E(\varphi)$.

En ajoutant alors à cette formule celle que l'on obtient en changeant φ en ψ, et *vice versâ*, on trouve [eu égard à la formule qui fait connaître $\operatorname{sn}(x+y)$]

$$E(\varphi) + E(\psi) - E(\mu) = k^2 \sin\varphi \sin\psi \sin\mu.$$

On obtient le théorème de Fagnano en posant $\mu = \frac{\pi}{2}$;

alors $E(\mu)$ est le quart d'ellipse; nous le désignerons par E et nous aurons

$$(1)\qquad F(\varphi)+E(\psi)-E=k^2\sin\varphi\sin\psi.$$

Entre les angles φ, ψ, μ, on a la relation

$$\cos\mu=\cos\varphi\cos\psi-\sin\varphi\sin\psi\sqrt{1-k^2\sin^2\mu}.$$

Si alors on fait $\mu=\frac{\pi}{2}$, on a

$$0=\cos\varphi\cos\psi-\sin\varphi\sin\psi\sqrt{1-k^2}$$

ou

$$(2)\qquad \tang\varphi\tang\psi=\frac{1}{\sqrt{1-k^2}}\quad\text{ou}\quad b\tang\varphi\tang\psi=1.$$

La formule (1) montre que, si les arcs d'ellipse $E(\varphi)$ et $E-E(\psi)$ sont tels qu'ils correspondent à des anomalies φ, ψ satisfaisant à la formule (2), leur différence est rectifiable. Les équations de l'ellipse sont

$$x=\sin\varphi,\quad y=\sqrt{1-k^2}\cos\varphi=b\cos\varphi.$$

Si l'on cherche la distance l du point φ de l'ellipse à la perpendiculaire menée de l'origine sur la tangente, on trouve

$$l=\frac{k^2\tang\varphi}{\sqrt{(b^2\tang^2+1)(1+\tang^2\varphi)}}.$$

En chassant les dénominateurs, on trouve une équation du quatrième degré en $\tang\varphi$, à savoir

$$b^2\tang^4\varphi+\tang^2\varphi\left(1+b^2-\frac{k^4}{l^2}\right)+1=0.$$

Soient φ et ψ les deux solutions de cette équation, on en déduit

$$b\tang\varphi\tang\psi=1.$$

L'identité de cette formule avec (2) montre de quelle

façon doivent être construits les angles φ et ψ. On voit que les arcs $E(\varphi)$ et $E - E(\psi)$ auront une différence rectifiable, s'ils sont choisis de telle sorte que les normales menées par leurs extrémités soient à des distances égales du centre de l'ellipse.

SUR LES ARCS DE LEMNISCATE.

La lemniscate est, comme l'on sait, une courbe telle que le produit de ses rayons vecteurs issus de deux points fixes est constant. Son équation en coordonnées polaires est, en prenant pour axe polaire la droite qui joint les points fixes et pour origine le milieu de cette droite,

$$r^4 - 2a^2r^2\cos 2\theta + a^4 = b^4,$$

$2a$ désignant la distance des points fixes et b une constante.

M. Serret, dans un Mémoire inséré au tome VIII du *Journal de M. Liouville*, a montré que toute fonction elliptique de première espèce pouvait être représentée par deux arcs de lemniscate. Voici son analyse :

Soit $\frac{b}{a} < 1$, la courbe se compose de deux branches distinctes. On pose $\frac{b^2}{a^2} = \sin 2\psi$. Soient s_0^1 et σ_0^1 les deux arcs de lemniscate, dont les extrémités ont pour angles polaires θ_0 et θ_1, on a

$$s_0^1 = \frac{b^2}{a}\int_{\theta_0}^{\theta_1} \frac{\sqrt{\cos 2\theta + \sqrt{\cos^2 2\theta - \cos^2 2\psi}}}{\sqrt{\cos^2 2\theta - \cos^2 2\psi}}\, d\theta$$

$$\sigma_0^1 = \frac{b^2}{a}\int_{\theta_0}^{\theta_1} \frac{\sqrt{\cos 2\theta - \sqrt{\cos^2 2\theta - \cos^2 2\psi}}}{\sqrt{\cos^2 2\theta - \cos^2 2\psi}}\, d\theta.$$

On déduit de là, en ajoutant et en retranchant,

$$s_0^1 + \sigma_0^1 = \sqrt{2}\,\frac{b^2}{a}\int_{\theta_0}^{\theta_1} \frac{d\theta}{\sqrt{\cos 2\theta - \cos 2\psi}}$$

$$s_0^1 - \sigma_0^1 = \sqrt{2}\,\frac{b^2}{a}\int_{\theta_0}^{\theta_1} \frac{d'\theta}{\sqrt{\cos 2\theta + \cos 2\psi}}.$$

Si l'on pose, dans la première formule,

$$\sin\theta = \sin\psi \sin\varphi,$$

dans la seconde,

$$\sin\theta = \cos\psi \sin\varphi,$$

on a

$$s_0^1 + \sigma_0^1 = \frac{b^2}{a}\left[\mathrm{F}(\sin\psi, \varphi_1) - \mathrm{F}(\sin\psi, \varphi_0)\right]$$

$$s_0^1 - \sigma_0^1 = \frac{b^2}{a}\left[\mathrm{F}(\cos\psi, \varphi_1) - \mathrm{F}(\cos\psi, \varphi_0)\right].$$

On voit que les modules de $s_0^1 + \sigma_0^1$ et de $s_0^1 - \sigma_0^1$ sont complémentaires.

Un calcul un peu différent conduit aux mêmes conclusions quand on suppose $\frac{b}{a} > 1$; mais alors ce sont les arcs correspondant à des rayons vecteurs perpendiculaires qu'il faut désigner par s_0^1, σ_0^1.

La lemniscate de Bernoulli est la plus célèbre ; elle a pour équation

$$r^2 = 2a^2 \cos 2\theta.$$

L'arc de cette courbe est donné par la formule

$$ds = \frac{a\sqrt{2}\,d\theta}{\sqrt{\cos 2\theta}}.$$

Si l'on pose

$$\sin\theta = \frac{1}{\sqrt{2}}\sin\varphi,$$

on a

$$ds = a \frac{d\varphi}{\sqrt{1 - \frac{1}{2}\sin^2\varphi}}.$$

On en conclut, en comptant convenablement l'arc,

$$s = a\,\mathrm{F}\left(\frac{1}{2}, \varphi\right)$$

ou bien

$$s = a\,\mathrm{F}\left[\frac{1}{2}, \text{arc sin}\left(\sqrt{2}\sin\theta\right)\right].$$

On trouve aussi

$$s = \int \frac{2a^2 dr}{\sqrt{1 - \left(\frac{r^2}{2a^2}\right)^2}}.$$

AIRES DE QUELQUES COURBES.

La quadrature d'une courbe du troisième degré ne dépend absolument que des fonctions elliptiques; pour nous en convaincre, plaçons l'origine sur la courbe : l'équation de la courbe sera de la forme

$$\varphi_3(x, y) + 2\varphi_2(x, y) + \varphi_1(x, y) = 0,$$

φ_1, φ_2, φ_3 désignant des polynômes homogènes de degrés 1, 2, 3. On peut l'écrire

$$x^2\varphi_3\left(1, \frac{y}{x}\right) + 2x\,\varphi_2\left(1, \frac{y}{x}\right) + \varphi_1\left(1, \frac{y}{x}\right) = 0,$$

et, en posant

$$y = tx,$$

on a

$$x^2\varphi_3(1, t) + 2x\,\varphi_2(1, t) + \varphi_1(1, t) = 0.$$

On en tire

$$x = \frac{-\varphi_2 \pm \sqrt{\varphi_2^2 - \varphi_1\varphi_3}}{\varphi_3};$$

en appelant alors R la racine d'un polynôme du quatrième degré, on voit que x est de la forme $f(t, \mathrm{R})$, où f désigne une fonction rationnelle; $\frac{dx}{dt}$ et $y = tx$ seront de la même forme, et par suite l'intégrale

$$\int y\,dx = \int y \frac{dx}{dt} dt$$

ne dépendra que des fonctions elliptiques.

Lorsqu'une courbe du quatrième degré a deux points doubles, on peut aussi exprimer son aire au moyen des fonctions elliptiques. En effet, au moyen d'une transformation homographique, on peut transporter les deux points doubles à l'infini : soit

$$f(x, y, z) = 0$$

l'équation de la courbe ainsi transformée ; on peut supposer que $z = 0$, $x = 0$ et $z = 0, y = 0$ soient les coordonnées des points doubles. Quand on fera

$$z = 0, \quad x = 0$$

dans les formules

$$\frac{df}{dx} = 0, \quad \frac{df}{dy} = 0, \quad \frac{df}{dz} = 0,$$

elles devront être satisfaites ; les dérivées des termes du quatrième degré en x et y devront donc s'annuler pour $x = 0$, ce qui exige que le terme en y^4 et le terme en xy^3 soient nuls; la dérivée $\frac{df}{dz}$ étant nulle pour $x = 0$, il faut que le terme en x^3 soit nul également; on verrait de même que les termes x^3y, et x^4 ainsi que y^3, disparaissent. L'équation de la courbe prend donc la forme

$$\begin{aligned} &\mathrm{A}x^2y^2 + \mathrm{B}x^2y + \mathrm{C}xy^2 \\ &\quad + \mathrm{D}x^2 + \mathrm{E}xy + \mathrm{F}y^2 + \mathrm{G}x + \mathrm{H}y + \mathrm{K} = 0, \end{aligned}$$

et, si l'on résout cette équation par rapport à y, on trouve pour cette fonction une expression rationnelle par rapport à x et par rapport à un radical recouvrant un polynôme du quatrième degré.

SUR LES COURBES DE DEGRÉ m QUI ONT $\frac{1}{2}(m-1)(m-2)$ POINTS DOUBLES.

On sait que $\frac{1}{2}(m-1)(m-2)$ est le nombre maximum de points doubles que puisse posséder une courbe d'ordre m.

Une courbe d'ordre m qui possède $\frac{1}{2}(m-1)(m-2)$ points doubles est quarrable par les fonctions algébriques et logarithmiques (y compris les fonctions circulaires inverses).

Il suffit de prouver que l'x et l'y de cette courbe sont fonctions rationnelles d'un même paramètre λ; pour y parvenir par les $\frac{1}{2}(m-1)(m-2)$ points doubles D de la courbe

$$(1) \qquad f(x, y) = 0,$$

d'ordre m, faisons passer une courbe d'ordre $m-2$. Cette courbe est déterminée quand on l'assujettit à passer par $\frac{1}{2}(m-2)(m+1)$ points; or, elle passe déjà par $\frac{1}{2}(m-1)(m-2)$ points D : on peut donc l'assujettir encore à

$$\frac{1}{2}(m-2)(m+1) - \frac{1}{2}(m-1)(m-2) = m-2$$

conditions. Nous l'assujettirons à rencontrer la courbe (1) en $m-3$ points fixes que nous appellerons A; elle contiendra alors dans son équation un paramètre arbitraire λ, et cette équation sera

$$(2) \qquad \varphi(x, y) + \lambda\psi(x, y) = 0.$$

Mais cette courbe (2) coupe (1) en $m(m-2)$ points; sur ces $m(m-2)$ points, les points D comptent pour deux et équivalent à $(m-1)(m-2)$ points d'intersection; si l'on y ajoute les $m-1$ points A, on voit que

$$(m-1)(m-2) + m - 3 = m^2 - 2m - 1$$

points d'intersection des courbes (1) et (2) sont fixes et connus; il n'en reste plus que

$$m(m-2) - (m^2 - 2m - 1) = 1$$

qui soient variables. Si l'on forme alors la résultante des équations (1) et (2), toutes les racines x de cette résultante seront connues et indépendantes de λ, à l'exception d'une seule que l'on obtiendra par suite à l'aide d'une simple division et qui sera rationnelle en λ. Ainsi x et y s'exprimeront rationnellement en fonction de λ.

C. Q. F. D.

Réciproquement, on peut prouver que, *si x et y sont des fonctions rationnelles de λ de la forme $\frac{\varphi(\lambda)}{\psi(\lambda)}$, $\frac{\chi(\lambda)}{\psi(\lambda)}$, φ, χ, ψ étant de degrés m au plus, x et y seront les coordonnées d'une courbe d'ordre m ayant $\frac{1}{2}(m-1)(m-2)$ points doubles.*

Posons, en effet,

$$(1) \qquad \frac{x}{\varphi(\lambda, \mu)} = \frac{y}{\chi(\lambda, \mu)} = \frac{z}{\psi(\lambda, \mu)},$$

z étant introduit ici pour l'homogénéité ainsi que μ (nous supposerons ultérieurement $z = 1$, $\mu = 1$). La courbe représentée par les équations (1) coupera la droite

$$(2) \qquad ax + by + cz = 0$$

en m points, car les λ d'intersection seront donnés par la formule du degré m

$$a\varphi(\lambda,\mu)+b\chi(\lambda,\mu)+c\psi(\lambda,\mu)=0.$$

λ aura m valeurs et par suite x et y auront m valeurs simultanées.

Comptons maintenant les points d'inflexion ; ces points satisfont à l'équation (2) et aux suivantes :

$$(3)\qquad a\frac{dx}{d\lambda}+b\frac{dy}{d\lambda}+c\frac{dz}{d\lambda}=0,$$

$$(4)\qquad a\frac{d^2x}{d\lambda^2}+b\frac{d^2y}{d\lambda^2}+c\frac{d^2z}{d\lambda^2}=0;$$

or, en vertu du théorème des fonctions homogènes, (2) et (3) peuvent s'écrire

$$(5)\qquad a\left(x^2\frac{d^2x}{d\lambda^2}+2xy\frac{d^2x}{d\lambda d\mu}+\mu^2\frac{d^2x}{d\mu^2}\right)+\ldots=0,$$

$$(6)\qquad a\left(x\frac{d^2x}{d\lambda^2}+y\frac{d^2x}{d\lambda d\mu}\right)+\ldots=0;$$

la résultante des formules (4), (5), (6) donnera les λ des points d'inflexion. Or (5) et (6) se simplifient et peuvent s'écrire

$$a\frac{d^2x}{d\mu^2}+b\frac{d^2y}{d\mu^2}+c\frac{d^2z}{d\mu^2}=0,$$

$$a\frac{d^2x}{d\lambda d\mu}+b\frac{d^2\mu}{d\lambda d\mu}+c\frac{d^2z}{d\lambda d\mu}=0,$$

et la résultante cherchée prend la forme

$$\begin{vmatrix}\frac{d^2x}{d\lambda^2} & \frac{d^2y}{d\lambda^2} & \frac{d^2z}{d\lambda^2}\\ \frac{d^2x}{d\lambda d\mu} & \frac{d^2y}{d\lambda d\mu} & \frac{d^2z}{d\lambda d\mu}\\ \frac{d^2x}{d\mu^2} & \frac{d^2y}{d\mu^2} & \frac{d^2z}{d^2\mu}\end{vmatrix}=0.$$

Cette équation est manifestement du degré $3(m-2)$; ainsi la courbe considérée possède $3(m-2)$ points d'inflexion. Or une courbe d'ordre m possède normalement $3m(m-2)$ points d'inflexion; celle que nous considérons en a donc perdu

$$3m(m-2)-3(m-2)=3(m-1)(m-2).$$

Or on sait que les points d'inflexion ne disparaissent que parce qu'ils se trouvent remplacés par des points singuliers. Chaque point double faisant disparaître six points d'inflexion, on en conclut que $\frac{3(m-1)(m-2)}{6}$ ou $\frac{1}{2}(m-1)(m-2)$ points doubles se sont attachés à la courbe. C. Q. F. D.

Il faut bien remarquer que dans notre raisonnement nous avons tenu compte des points situés à l'infini, ce qui résulte de l'emploi des coordonnées homogènes. En second lieu, nous n'avons, en fait de points singuliers, considéré que des points doubles, mais il est clair que nos énoncés devront être corrigés si les points singuliers, au lieu d'être des points doubles, devenaient points triples ou seulement points de rebroussement.

Les théorèmes précédents sont dus à M. Clebsch qui les a établis, mais moins simplement, dans le *Journal de Crelle* (t. 64, p. 43).

SUR LES COURBES D'ORDRE m POSSÉDANT $\frac{1}{2}m(m-3)$ POINTS DOUBLES.

Les courbes d'ordre m possédant $\frac{1}{2}m(m-3)$ points doubles sont quarrables par les fonctions elliptiques.

Pour démontrer ce théorème, considérons une courbe

$$f(x,y)=0, \tag{1}$$

d'ordre m, possédant $\frac{1}{2}m(m-3)$ points doubles D; ce nombre est égal à $\frac{1}{2}(m-1)(m-2)-1$, c'est-à-dire au maximum du nombre des points doubles moins un. Pour déterminer une courbe d'ordre $m-2$, il faut $\frac{1}{2}(m-2)(m+1)$ conditions; on pourra donc assujettir une courbe d'ordre $m-2$ à passer par les $\frac{1}{2}m(m-3)$ points D et par

$$\frac{1}{2}(m-2)(m+1)-\frac{1}{2}m(m-3)-1=m-2$$

autres points de la courbe (1), que nous appellerons A. Cette courbe contiendra dans son équation un paramètre arbitraire λ et pourra être représentée sous la forme

$$(2) \qquad \varphi(x,y)+\lambda\psi(x,y)=0;$$

mais cette courbe (2) coupe la courbe (1) d'abord en $m(m-3)$ points confondus avec les points doubles D qui comptent pour deux, et en $m-2$ points A, ce qui fait en tout m^2-2m-2 points; or les courbes (1) et (2) devant se couper en $m(m-2)$ points, il restera deux points que j'appellerai B sur la courbe (1) et par lesquels passera encore la courbe (2). Nous supposerons les points A fixes; les points B dépendront alors de la valeur attribuée à λ; nous les déterminerons comme il suit :

Par l'origine, imaginons une série de droites

$$(3) \qquad y=\alpha x,$$

passant par les intersections A, B, D des courbes (1) et (2); les coefficients angulaires α seront racines de l'équation

$$(4) \quad (y_1-\alpha x_1)(y_2-\alpha x_2)(y_3-\alpha x_3)\ldots=0 \quad \text{ou} \quad R=0,$$

dans laquelle (x_1, y_1), (x_2, y_2), ... sont les solutions communes à (1) et (2); on peut supposer que $x_1 y_1$ et $x_2 y_2$ sont les coordonnées des points B. Alors on voit: 1° que l'équation (4) est la résultante de (1), (2) et (3); 2° que cette résultante est divisible par le facteur

$$(y_1 - \alpha x_1)(y_2 - \alpha x_2),$$

que nous représenterons par

$$(5) \qquad A\alpha^2 + 2B\alpha + C = 0 \quad \text{ou} \quad R_1 = 0,$$

et qu'il sera facile de former. Ce facteur fera connaître les coefficients angulaires des droites allant de l'origine aux points B ; 3° la résultante $R = 0$ pouvant s'obtenir en éliminant x entre

$$f(x, \alpha x) = 0 \quad \text{et} \quad \varphi(x, \alpha x) + \lambda\psi(x, \alpha x) = 0$$

sera de degré m par rapport à λ; mais comme, dans cette résultante, $x_3, y_3, x_4, y_4, \ldots$ sont indépendants de λ, le facteur $A\alpha^2 + 2B\alpha + C$ le contiendra seul et par suite l'équation (5) sera du degré m en λ.

On tire de (5)

$$(6) \qquad \alpha = \frac{-B + \sqrt{B^2 - AC}}{A},$$

en ne considérant que l'une des valeurs de α; la valeur correspondante de x s'obtiendra par les considérations suivantes : soient a_{ij} et b_{ij} les coefficients de $x^i y^j$ dans φ et ψ et $C_{ij} = a_{ij} + \lambda b_{ij}$, faisons varier $a_{ij}, b_{ij}, a_{kl}, b_{kl}$ de manière à ne pas altérer la résultante $R_1 = 0$; les quantités x ne varieront pas, et l'on aura

$$\frac{dR_1}{dC_{ij}} dC_{ij} + \frac{dR_1}{dC_{kl}} dC_{kl} = 0,$$

$$\frac{d(\varphi + \lambda\psi)}{dC_{ij}} dC_{ij} + \frac{d(\varphi + \lambda\psi)}{dC_{kl}} dC_{kl} = 0;$$

cette dernière formule peut s'écrire

$$x^i y^j dC_{ij} + x^k y^l dC_{kl} = 0,$$

et l'on en conclut

$$(7)\qquad \frac{dR_1}{dC_{ij}} : x^i y^j = \frac{dR_1}{dC_{kl}} : x^k y^l ;$$

de là plusieurs manières de se procurer x en fonction rationnelle de α et de λ, par exemple au moyen de l'équation

$$\frac{dR_1}{dC_{10}} : x = \frac{dR_1}{dC_{00}}.$$

Maintenant revenons à la formule (6), pour étudier la quantité $B^2 - AC$ placée sous le radical et la décomposer en facteurs. Pour cela annulons-la : l'équation $R_1 = 0$ aura une racine double; les droites allant de l'origine aux points B seront confondues, ce qui peut avoir lieu : 1° soit parce que les points B sont en ligne droite avec l'origine; 2° soit parce que les points B sont confondus.

1° Supposons d'abord les points B en ligne droite avec l'origine, x doit être indéterminé ; donc, dans les formules (7), les $\frac{dR_1}{dC_{ij}}$ doivent être nuls. Or on a

$$\frac{dR_1}{d\lambda} = \sum \frac{dR_1}{dC_{ij}} \frac{dC_{ij}}{d\lambda} = \sum \frac{dR_1}{dC_{ij}} b_{ij} = 0;$$

mais, l'équation (5) ayant une racine double, on a aussi

$$\frac{dR_1}{d\alpha} = 0;$$

or, quand on pose $\frac{dR_1}{d\alpha} = 0$ ou $A\alpha + B = 0$, ou $\alpha = -\frac{A}{B}$. R_1 se réduit à

$$R_1 = -\frac{B^2 - AC}{A};$$

en égalant $\frac{dR_1}{d\lambda}$ à zéro, on a alors

$$\frac{1}{A}\frac{d(B^2 - AC)}{d\lambda} = \frac{d\frac{1}{A}}{d\lambda}(B^2 - AC) = 0;$$

donc enfin $B^2 - AC$ s'annule en même temps que sa dérivée pour les valeurs λ pour lesquelles deux points B sont en ligne droite avec l'origine ; $B^2 - AC$ aura donc autant de facteurs doubles qu'il y aura de valeurs de λ pour lesquelles les points B sont en ligne droite avec l'origine, et l'on pourra écrire

$$\sqrt{B^2 - AC} = \Theta(\lambda)\sqrt{V}.$$

2° Supposons maintenant les points B confondus, les valeurs de λ pour lesquelles cette circonstance se présentera s'obtiendront en exprimant que les courbes (1) et (2) se touchent : alors aux points de contact on aura

$$\frac{df}{dx} : \left(\frac{d\varphi}{dx} + \lambda\frac{d\psi}{dx}\right) = \frac{df}{dy} : \left(\frac{d\varphi}{dy} + \lambda\frac{d\psi}{dy}\right) = \frac{df}{dz} : \left(\frac{d\varphi}{dz} + \lambda\frac{d\psi}{dz}\right);$$

en égalant ces rapports à $\frac{1}{\rho}$, en chassant les dénominateurs, puis en éliminant ρ et λ, on trouve

$$(8) \qquad J = 0,$$

J désignant le déterminant de f, φ, ψ. L'équation (8) est celle de la *jacobienne* des courbes $f = 0$, $\varphi = 0$, $\psi = 0$; or on sait que (SALMON, *Leçons d'Algèbre supérieure*, traduites par Bazin, p. 72) si les courbes $\varphi = 0$, $\psi = 0$ sont de même degré : 1° la jacobienne passe par les points communs aux trois courbes ; 2° si $f = 0$ a un point singulier en D, la jacobienne y a un point singulier avec les mêmes tangentes et par conséquent coupe $f = 0$ en six points confondus en D ; 3° la jacobienne touche la courbe f aux points A et par conséquent y coupe f en deux points confondus.

Or la jacobienne est de degré

$$m - 1 + 2(m-2) = 3m - 7;$$

elle coupe $f = 0$ en $m(3m-7)$ points dont il faut défalquer les points D au nombre de

$$6 \frac{1}{2} m(m-3) = 3m(m-3),$$

et les points A au nombre de $2(m-2)$; il reste donc

$$m(3m-7) - 3m(m-3) - 2(m-2) = 4$$

points où la jacobienne peut rencontrer $f=0$ et par suite où la courbe (2) peut toucher (1), et par suite quatre valeurs de λ pour lesquelles $B^2 - 4AC$ s'annule par le fait du contact de (1) et (2). Le polynôme V est donc du quatrième degré en λ; d'où il résulte que l'α et par suite l'x et l'y d'un point variable B de la courbe $f=0$ peuvent s'exprimer rationnellement en fonction d'un paramètre λ et d'un radical de la forme

$$\sqrt{\lambda^4 + \alpha\lambda^3 + \beta\lambda^2 + \gamma\lambda + \delta},$$

ce qui démontre le théorème énoncé plus haut.

La première démonstration de ce théorème est due à M. Clebsch (*Journal de Crelle*, t. 64, p. 210).

Remarque. — On pourra représenter les coordonnées x, y de la courbe (1) sous la forme

$$x = F\left[\lambda, \sqrt{(1-\lambda^2)(1-k^2\lambda^2)}\right],$$
$$y = \Phi\left[\lambda, \sqrt{(1-\lambda^2)(1-k^2\lambda^2)}\right],$$

à l'aide d'une transformation rationnelle opérée sur la variable λ; si l'on fait alors $\lambda = \operatorname{sn} t$, on aura

$$x = G(\operatorname{sn} t) + \operatorname{sn}' t\, H(\operatorname{sn} t)$$
$$y = K(\operatorname{sn} t) + \operatorname{sn}' t\, L(\operatorname{sn} t),$$

G, H, K, L désignant des fonctions rationnelles. En effet, le radical entrera si l'on veut dans x et y sous forme linéaire; or il est égal à $\operatorname{cn} t \operatorname{dn} t$, c'est-à-dire à $\operatorname{sn}' t$.

C. Q. F. D.

Ainsi, quand une courbe a son maximum de points doubles moins 1, ses coordonnées sont des fonctions rationnelles d'un même sinus amplitude et de sa dérivée, ou, si l'on veut encore, sont des fonctions doublement périodiques de même période d'une même variable.

QUELQUES COURBES REMARQUABLES DONT L'ÉQUATION DÉPEND DES FONCTIONS ELLIPTIQUES.

Lorsque l'on cherche une courbe plane dont le rayon de courbure soit proportionnel à l'inverse de l'abscisse, on est conduit à l'équation

$$y = \int_0^x \frac{x^2 + c}{\sqrt{a^4 - (x^2 + c)^2}}\, dx.$$

Cette courbe est une élastique, on la rencontre encore quand on cherche parmi les courbes isopérimètres celle qui engendre le volume de révolution minimum; en transformant convenablement les coordonnées, on peut prendre $c = 0$: alors on a $\frac{dy}{dx} = 0$, quand $x = 0$, et

$$y = \int_0^x \frac{x^2\, dx}{\sqrt{a^4 - x^4}},$$

ou

$$y = \int_0^x \frac{x^2\, dx}{a^2 \sqrt{\left(1 - \frac{x^2}{a^2}\right)\left(1 + \frac{x^2}{a^2}\right)}}.$$

Si l'on fait $\frac{x}{a} = t$, on a

$$y = \int_0^t \frac{at^2 dt}{\sqrt{(1-t^2)(1+t^2)}};$$

or, en prenant le module k égal à $\frac{\sqrt{2}}{2}$, en sorte que $k^2 = k'^2$, on a

$$\text{cn}'\theta = -\frac{\sqrt{2}}{2}\sqrt{(1-\text{cn}^2\theta)(1+\text{cn}^2\theta)};$$

si donc on fait

$$t = \text{cn}\,\theta, \quad dt = -\frac{\sqrt{2}}{2}\sqrt{(1-t^2)(1+t^2)}\,d\theta,$$

on aura

$$y = -\int_\theta^{\pm K} a\frac{\sqrt{2}}{2}\,d\theta\,\text{cn}^2\theta = -\frac{a\sqrt{2}}{2}\int_\theta^{\pm K}(1-\text{sn}^2\theta)\,d\theta;$$

la limite inférieure est d'ailleurs arbitraire si l'on choisit convenablement l'origine : on a alors

$$\begin{cases} y = -\dfrac{a\sqrt{2}}{2}\theta + \dfrac{a\sqrt{2}}{4}\text{Z}(\theta), \\ x = a\,\text{cn}\,\theta. \end{cases}$$

La courbe de M. Delaunay engendrée par le foyer d'une ellipse ou d'une hyperbole qui roule sans glisser sur une droite a pour équation

$$dy = \frac{(x^2 \pm b^2)\,dx}{\sqrt{4a^2x^2 - (x^2 \pm b^2)^2}};$$

son abscisse et son ordonnée s'exprimeront facilement aussi par les fonctions elliptiques. Dans cette courbe, la moyenne harmonique du rayon de courbure et de la normale est constante.

SUR LE MOUVEMENT DE ROTATION AUTOUR D'UN POINT.

Les équations du mouvement d'un corps solide qui présente un point fixe et qui n'est sollicité par aucune force extérieure sont, comme on sait,

$$(1)\quad \begin{cases} A\dfrac{dp}{dt} = (B - C)qr, \\[2ex] B\dfrac{dq}{dt} = (C - A)rp, \\[2ex] C\dfrac{dr}{dt} = (A - B)pq. \end{cases}$$

A, B, C sont les moments d'inertie principaux relatifs au point fixe; p, q, r sont les composantes de la rotation instantanée autour des axes principaux relatifs au même point; enfin, t est le temps.

L'analogie entre les équations (1) et celles qui lient entre eux $\operatorname{sn} x$, $\operatorname{cn} x$, $\operatorname{dn} x$ et leurs dérivées est telle, que l'on est tenté de poser

$$\begin{aligned} p &= \alpha \operatorname{cn} g(t - \tau), \\ q &= \beta \operatorname{sn} g(t - \tau), \\ r &= \gamma \operatorname{dn} g(t - \tau), \end{aligned}$$

α, β, γ, g, τ et le module k désignant des constantes arbitraires; et l'on satisfera effectivement aux formules (1) si, observant que

$$\begin{aligned} \operatorname{cn}' x &= -\operatorname{sn} x \operatorname{dn} x, \\ \operatorname{sn}' x &= \operatorname{cn} x \operatorname{dn} x, \\ \operatorname{dn}' x &= -k^2 \operatorname{sn} x \operatorname{cn} x, \end{aligned}$$

on prend

$$(a)\quad \begin{cases} \alpha = gk\sqrt{\dfrac{BC}{(A - B)(A - C)}}, \\[2ex] \beta = gk\sqrt{\dfrac{AC}{(A - B)(B - C)}}, \\[2ex] \gamma = g\sqrt{\dfrac{AB}{(A - C)(B - C)}}. \end{cases}$$

Ces formules, auxquelles on est conduit ainsi par la méthode des coefficients indéterminés, fourniront pour α, β, γ des valeurs réelles si l'on a $A > B > C$, ce qu'il est toujours permis de supposer.

Les trois arbitraires de la solution sont g, k, τ. On peut faire abstraction de la dernière τ, et, en comptant convenablement le temps, poser

$$(2)\qquad p = \alpha\,\mathrm{cn}\,gt, \quad q = \beta\,\mathrm{sn}\,gt, \quad r = \gamma\,\mathrm{dn}\,gt.$$

Les formules (1) sont donc intégrées.

Mais, pour résoudre complétement le problème, il ne suffit pas de connaître p, q, r, il faut encore calculer les valeurs des angles θ, φ, ψ, qui, dans les formules de transformation de coordonnées d'Euler, servent à définir la position des axes principaux d'inertie par rapport à trois axes fixes passant au point fixe. On démontre dans les Traités de Mécanique que l'on a

$$(3)\qquad \begin{cases} p = \sin\varphi \sin\theta \dfrac{d\psi}{dt} + \cos\varphi \dfrac{d\theta}{dt}, \\[2ex] q = \cos\varphi \sin\theta \dfrac{d\psi}{dt} - \sin\varphi \dfrac{d\theta}{dt}, \\[2ex] r = \dfrac{d\varphi}{dt} + \cos\theta \dfrac{d\psi}{dt}. \end{cases}$$

Prenons le plan du maximum des aires, ou plan invariable, pour plan des xy. On sait que Ap, Bq, Cr sont les moments des quantités de mouvement relatives aux axes principaux. Si donc on désigne par G la constante des aires $\sqrt{A^2p^2 + B^2q^2 + C^2r^2}$, on aura

$$Ap = G\cos(z, A), \quad Bq = G\cos(z, B), \quad Cr = G\cos(z, C),$$

ou bien

$$(4)\qquad \begin{cases} Ap = G\sin\theta\sin\varphi, \\ Bq = G\sin\theta\cos\varphi, \\ Cr = G\cos\theta. \end{cases}$$

La constante G est facile à calculer au moyen de k et de g. De ces trois formules on tire θ et φ; il reste à calculer l'angle ψ. Pour cela, entre les formules (3), éliminons $\frac{d\theta}{dt}$, nous aurons

$$p \sin\varphi + q \cos\varphi = \sin\theta \frac{d\psi}{dt}$$

ou

$$d\psi = \frac{p \sin\varphi + q \cos\varphi}{\sin\theta} dt.$$

Éliminons φ et θ de là, au moyen des formules (4), nous aurons

$$d\psi = \mathrm{G} \frac{\mathrm{A}p^2 + \mathrm{B}q^2}{\mathrm{G}^2 - \mathrm{C}^2 r^2} dt = \mathrm{G} \frac{\mathrm{A}p^2 + \mathrm{B}q^2}{\mathrm{A}^2 p^2 + \mathrm{B}^2 q^2} dt,$$

ou enfin

$$(5) \qquad d\psi = \mathrm{G} \frac{\mathrm{A}\alpha^2 \,\mathrm{cn}^2 gt + \mathrm{B}\beta^2 \,\mathrm{sn}^2 gt}{\mathrm{A}^2\alpha^2 \,\mathrm{cn}^2 gt + \mathrm{B}^2\beta^2 \,\mathrm{sn}^2 gt} dt.$$

Posons, pour abréger

$$(6) \qquad gt = x;$$

nous aurons alors

$$d\psi = \frac{\mathrm{G}}{g} \frac{\mathrm{A}\alpha^2 \,\mathrm{cn}^2 x + \mathrm{B}\beta^2 \,\mathrm{sn}^2 x}{\mathrm{A}^2\alpha^2 \,\mathrm{cn}^2 x + \mathrm{B}^2\beta^2 \,\mathrm{sn}^2 x} dx.$$

Remplaçons $\mathrm{cn}^2 x$ par $1 - \mathrm{sn}^2 x$, et α, β, γ par leurs valeurs (a); nous aurons

$$d\psi = \frac{\mathrm{G}}{g} \frac{\mathrm{B} - \mathrm{C} + (\mathrm{A} - \mathrm{B}) \,\mathrm{sn}^2 x}{\mathrm{A}(\mathrm{B} - \mathrm{C}) + \mathrm{C}(\mathrm{A} - \mathrm{B}) \,\mathrm{sn}^2 x} dx.$$

Posons

$$(7) \qquad \sqrt{\frac{\mathrm{A}}{\mathrm{C}} \frac{\mathrm{B} - \mathrm{C}}{\mathrm{A} - \mathrm{B}}} = \sqrt{-1} \,\mathrm{sn} \sqrt{-1}\, a,$$

et a sera réel, puisque $\mathrm{sn}\, a$ est une fonction impaire;

nous aurons alors

$$d\psi = \frac{G}{gC} \frac{\frac{B-C}{A-B} + \operatorname{sn}^2 x}{\operatorname{sn}^2 x - \operatorname{sn}^2 a\sqrt{-1}}\, dx,$$

ou

$$d\psi = \frac{G}{gC} \frac{\operatorname{sn}^2 x - \frac{C}{A}\operatorname{sn}^2 a\sqrt{-1}}{\operatorname{sn}^2 x - \operatorname{sn}^2 a\sqrt{-1}}\, dx,$$

ce que l'on peut écrire

$$(8) \qquad \psi = \frac{G}{gCA} \int \frac{A\operatorname{sn}^2 x - C\operatorname{sn}^2 a\sqrt{-1}}{\operatorname{sn}^2 x - \operatorname{sn}^2 a\sqrt{-1}}\, dx.$$

Désignons par $F(x)$ la quantité placée sous le signe $\int$, en sorte que

$$\psi = \frac{G}{gAC} \int F(x)\, dx.$$

Nous allons, pour pouvoir intégrer, décomposer $F(x)$ en éléments simples, par la méthode de M. Hermite. Nous désignerons par Γ l'intégrale de

$$F(z) \frac{H'(z-x)}{H(z-x)} = f(z),$$

prise le long d'un parallélogramme de côtés $2K$ et $2K'\sqrt{-1}$ (périodes des fonctions elliptiques). Cette quantité Γ est indépendante de x; elle est égale à la somme des résidus de la fonction $f(z)$ pris à l'intérieur du parallélogramme en question. Si l'on suppose que ce parallélogramme contienne le point x, le résidu relatif à ce point sera $F(x)$; quant aux résidus relatifs aux autres infinis $a\sqrt{-1}$ et $-a\sqrt{-1}$, ils sont de la forme

$$\frac{H'(a\sqrt{-1}-x)}{H(a\sqrt{-1}-x)},$$

multipliée par la limite de

$$\frac{(x - a\sqrt{-1})(A\,\mathrm{sn}^2 x - C\,\mathrm{sn}^2 a\sqrt{-1})}{\mathrm{sn}^2 x - \mathrm{sn}^2 a\sqrt{-1}}$$

pour $x = a\sqrt{-1}$; or cette limite est

$$\frac{(A - C)\,\mathrm{sn}^2 a\sqrt{-1}}{2\,\mathrm{sn}\,a\sqrt{-1}\,\mathrm{sn}'a\sqrt{-1}} \text{ ou } \frac{(A - C)\,\mathrm{sn}^2 a\sqrt{-1}}{2\,\mathrm{sn}\,a\sqrt{-1}\,\mathrm{cn}\,a\sqrt{-1}\,\mathrm{dn}\,a\sqrt{-1}};$$

ainsi donc on a

$$\begin{aligned}\Gamma = {} & \frac{A\,\mathrm{sn}^2 x - C\,\mathrm{sn}^2 a\sqrt{-1}}{\mathrm{sn}^2 x - \mathrm{sn}^2 a\sqrt{-1}} \\ & + \frac{1}{2}\frac{\mathrm{H}'(a\sqrt{-1} - x)}{\mathrm{H}(a\sqrt{-1} - x)}\,\frac{(A - C)\,\mathrm{sn}^2 a\sqrt{-1}}{\mathrm{sn}\,a\sqrt{-1}\,\mathrm{cn}\,a\sqrt{-1}\,\mathrm{dn}\,a\sqrt{-1}} \\ & + \frac{1}{2}\frac{\mathrm{H}'(a\sqrt{-1} + x)}{\mathrm{H}(a\sqrt{-1} + x)}\,\frac{(A - C)\,\mathrm{sn}^2 a\sqrt{-1}}{\mathrm{sn}\,a\sqrt{-1}\,\mathrm{cn}\,a\sqrt{-1}\,\mathrm{dn}\,a\sqrt{-1}}\end{aligned}$$

ou bien

$$\begin{aligned}F(x) & = \frac{A\,\mathrm{sn}^2 x - C\,\mathrm{sn}^2 a\sqrt{-1}}{\mathrm{sn}^2 x - \mathrm{sn}^2 a\sqrt{-1}} \\ & = \Gamma - \frac{1}{2}\frac{(A - C)\,\mathrm{sn}\,a\sqrt{-1}}{\mathrm{cn}\,a\sqrt{-1}\,\mathrm{dn}\,a\sqrt{-1}} \\ & \quad \times \left[\frac{\mathrm{H}'(a\sqrt{-1} + x)}{\mathrm{H}(a\sqrt{-1} + x)} + \frac{\mathrm{H}'(a\sqrt{-1} - x)}{\mathrm{H}(a\sqrt{-1} - x)}\right].\end{aligned}$$

Substituant cette valeur dans (8), on a

$$(9)\quad \left\{\begin{aligned}\psi = \frac{G\Gamma}{gAC}x + \frac{1}{2}\frac{G(A - C)}{gAC}\,\frac{\mathrm{sn}\,a\sqrt{-1}}{\mathrm{cn}\,a\sqrt{-1}\,\mathrm{dn}\,a\sqrt{-1}} \\ \times \log\frac{\mathrm{H}(x - a\sqrt{-1})}{\mathrm{H}(x + a\sqrt{-1})}.\end{aligned}\right.$$

Cette formule se simplifie beaucoup quand on remplace

G par sa valeur. On a

$$G^2 = A^2p^2 + B^2q^2 + C^2r^2$$
$$= A^2\alpha^2 \text{cn}^2 x + B^2\beta^2 \text{sn}^2 x + C^2\gamma^2 \text{dn}^2 x;$$

si (ce qui est permis, puisque G est constant) on fait $x = 0$, on a

$$G^2 = A^2\alpha^2 + C^2\gamma^2$$

et, en remplaçant α et γ par leurs valeurs (a),

$$G^2 = g^2 \frac{ABC}{A-C} \frac{Ak^2(B-C) + C(A-B)}{(A-B)(B-C)};$$

d'un autre côté, si, à l'aide de (7), on calcule cn $a\sqrt{-1}$ et dn $a\sqrt{-1}$, et si alors on forme la quantité

$$\frac{1}{2} \frac{G(A-C)}{gAC} \frac{\text{sn}\, a\sqrt{-1}}{\text{cn}\, a\sqrt{-1}\, \text{dn}\, a\sqrt{-1}},$$

on la trouve, réductions faites, égale à $\frac{\sqrt{-1}}{2}$; il en résulte que la formule (9) se réduit à

$$\psi = \frac{G\Gamma x}{gAC} + \frac{\sqrt{-1}}{2} \log \frac{H(x - a\sqrt{-1})}{H(x + a\sqrt{-1})}.$$

On peut introduire, comme l'a fait Jacobi, la fonction Θ à la place de H, en observant qu'à un facteur constant près on a

$$H(x - a\sqrt{-1}) = \Theta(x - a\sqrt{-1} - K'\sqrt{-1})e^{\frac{\pi\sqrt{-1}}{2K}x},$$

$$H(x + a\sqrt{-1}) = \Theta(x + a\sqrt{-1} + K'\sqrt{-1})e^{-\frac{\pi\sqrt{-1}}{2K}x}.$$

Si donc on fait $a + K' = \zeta$, on aura, en négligeant une constante,

$$(10) \qquad \psi = \frac{G\Gamma x}{gAC} + \frac{\sqrt{-1}}{2} \log \frac{\Theta(x - \zeta\sqrt{-1})}{\Theta(x + \zeta\sqrt{-1})},$$

Rueb, en modifiant des formules données par Legendre, était parvenu par une tout autre voie à ces résultats; Jacobi est allé plus loin en calculant encore les lignes trigonométriques de ψ de manière à revenir, au moyen des formules d'Euler, aux neuf cosinus qui définissent la position du corps. Indiquons rapidement la marche qu'il a suivie.

La formule (10), en ayant égard à (6), devient

$$\psi = \frac{G\Gamma t}{AC} + \frac{\sqrt{-1}}{2}\log\frac{\Theta(x-\zeta\sqrt{-1})}{\Theta(x+\zeta\sqrt{-1})};$$

si l'on pose

$$\psi_1 = \frac{\sqrt{-1}}{2}\log\frac{\Theta(x-\zeta\sqrt{-1})}{\Theta(x+\zeta\sqrt{-1})}, \quad \frac{G\Gamma}{AC} = n,$$

on aura

$$\psi = nt + \psi_1,$$

et ψ se composera d'une partie proportionnelle au temps (et l'on pourra appeler la quantité n le moyen mouvement) et d'une partie ψ_1 dont nous allons calculer le sinus et le cosinus. On a

$$e^{\psi_1\sqrt{-1}} = \sqrt{\frac{\Theta(x+\zeta\sqrt{-1})}{\Theta(x-\zeta\sqrt{-1})}},$$

et l'on en conclut facilement $\cos\psi_1$ et $\sin\psi_1$. Pour plus de développements, nous renverrons au Mémoire de Jacobi inséré dans ses *Mathematische Werke,* t. XI, p. 139, écrit en français.

MOUVEMENT DU PENDULE CONIQUE.

Prenons pour axe des z la verticale descendante du point de suspension, pour plan des xy le plan horizontal passant par le même point. Soient r la longueur du pendule, θ sa colatitude, ψ sa longitude : le théorème des forces vives donnera

$$(1) \qquad r^2\left(\frac{d\theta}{dt}\right)^2 + r^2\sin^2\theta\left(\frac{d\psi}{dt}\right)^2 = 2gr\cos\theta + a,$$

et celui des aires

$$(2) \qquad r^2\sin^2\theta\left(\frac{d\psi}{dt}\right) = c.$$

a et c sont deux constantes dont nous allons fixer la valeur. Soient $v_0^2 = 2gh_0$ la vitesse initiale du mobile, h sa hauteur initiale au-dessus du point le plus bas; en faisant $t = 0$ dans (1), nous aurons

$$v_0^2 = 2gr\cos\theta_0 + a,$$

ou

$$2gh_0 = 2gh + a;$$

d'où

$$(3) \qquad a = 2g(h_0 - h).$$

Désignons par μ l'angle que v_0 fait avec l'horizon. En faisant $t = 0$, $\theta = \theta_0$ dans (2), nous aurons

$$r^2\sin^2\theta_0\left(\frac{d\psi}{dt}\right)_0 = c;$$

mais $r\sin\theta_0\left(\frac{d\psi}{dt}\right)_0$ est égal à $v_0\cos\mu$ et $r\sin\theta_0$ est égal à $\sqrt{r^2 - h^2}$, on a donc

$$(4) \qquad c = \sqrt{r^2 - h^2}\,v_0\cos\mu = \sqrt{2gh_0(r^2 - h^2)}\cos\mu.$$

Maintenant, entre (1) et (2), éliminons $\frac{d\psi}{dt}$, nous aurons

$$\left(\frac{d\theta}{dt}\right)^2 = \frac{(2gr\cos\theta + a)\,r^2\sin^2\theta - c^2}{r^4\sin^2\theta}.$$

Si nous posons

$$(6) \qquad r\cos\theta = z,$$

nous aurons

$$(7) \qquad r^2\left(\frac{dz}{dt}\right)^2 = (2gz + a)(r^2 - z^2) - c^2$$

ou, en vertu de (3) et (4),

$$r^2\left(\frac{dz}{dt}\right)^2 = 2g[(z + h_0 - h)(r^2 - z^2) - h_0(r^2 - h^2)\cos^2\mu].$$

Si l'on substitue à z, dans le second membre, $-\infty$, $-r$, h, $+r$, on obtient des résultats ayant pour signes $+$, $-$, $+$, $-$; on peut donc poser

$$(8) \qquad r^2\left(\frac{dz}{dt}\right)^2 = -2g(z - \alpha)(z - \beta)(z - \gamma),$$

α, β, γ désignant des quantités réelles dont deux sont comprises entre $-r$ et $+r$, et dont la troisième est négative et moindre que $-r$.

On sait que, pour ramener l'équation (8) à celle qui définit la fonction elliptique, il faut poser $z = \alpha + pu^2$; posons donc

$$(9) \qquad z = \alpha + p\,\mathrm{sn}^2\omega t;$$

nous aurons, au lieu de (8), en écrivant s au lieu de $\mathrm{sn}\,\omega t$ et en désignant par k le module inconnu de $\mathrm{sn}\,\omega t$,

$$\begin{aligned} &s^4(2r^2\omega^2 pk^2 + gp^2) \\ &\quad + s^2[(1 + k^2)\,2r^2\omega^2 p + gp(2\alpha - \beta - \gamma)] \\ &\qquad + 2r^2\omega^2 p + g(\alpha - \beta)(\alpha - \gamma) = 0. \end{aligned}$$

Cette formule aura lieu, quel que soit s, si

$$\frac{2r^2}{g}\omega^2 k^2 = -p,$$

$$\frac{2r^2}{g}(1 + k^2)\omega^2 = 2\alpha - \beta - \gamma,$$

$$\frac{2r^2}{g}\omega^2 p = -(\alpha - \beta)(\alpha - \gamma).$$

En éliminant ω par division, on en tire

$$\frac{k^2}{1+k^2}=\frac{-p}{2\alpha-\beta-\gamma},\quad \frac{k^2}{1}=\frac{p^2}{(\alpha-\beta)(\alpha-\gamma)};$$

d'où, égalant les valeurs de k^2,

$$-p=\frac{p^2+(\alpha-\beta)(\alpha-\gamma)}{2\alpha-\beta-\gamma}.$$

En résolvant par rapport à p, on trouve $-(\alpha-\beta)$ ou $-(\alpha-\gamma)$; alors $k^2=\frac{\alpha-\beta}{\alpha-\gamma}$ ou $\frac{\alpha-\gamma}{\alpha-\beta}$. Pour que k soit réel, il faudra que $\alpha-\beta$ et $\alpha-\gamma$ soient de même signe, ce à quoi on arrivera en prenant pour α la racine positive la plus grande. Enfin, pour que k soit moindre que l'unité, on prendra $p=-(\alpha-\beta)$, $k^2=\frac{\alpha-\beta}{\alpha-\gamma}$, et l'on supposera que γ soit la plus petite des racines; alors on aura

$$(10)\qquad \omega=\sqrt{\frac{g(\alpha-\gamma)}{2r^2}},\quad k^2=\frac{\alpha-\beta}{\alpha-\gamma};$$

la formule (9) donne alors

$$z=\alpha-(\alpha-\beta)\,\mathrm{sn}^2\,\omega t,$$

ou bien

$$z=\alpha\,\mathrm{cn}^2\,\omega t+\beta\,\mathrm{sn}^2\,\omega t,$$

ou, en vertu de (6),

$$(11)\qquad r\cos\theta=\alpha\,\mathrm{cn}^2\,\omega t+\beta\,\mathrm{sn}^2\,\omega t$$

Maintenant, la formule (2) donne

$$\frac{d\psi}{dt}=\frac{c}{r^2\sin^2\theta},$$

et, en vertu de (11),

$$d\psi=\frac{c\,dt}{r^2-(\alpha\,\mathrm{cn}^2\omega t+\beta\,\mathrm{sn}^2\omega t)^2}$$
$$=\frac{c\,dt}{2r}\left(\frac{1}{r-\alpha\,\mathrm{cn}^2\omega t-\beta\,\mathrm{sn}^2\omega t}+\frac{1}{r+\alpha\,\mathrm{cn}^2\omega t+\beta\,\mathrm{sn}^2\omega t}\right).$$

On a donc enfin

$$\frac{2r}{c}(\psi - \psi_0) = \frac{1}{r-\alpha}\int_0^t \frac{dt}{1 + \frac{\alpha - \beta}{r - \alpha}\operatorname{sn}^2 \omega t} + \frac{1}{r+\alpha}\int_0^t \frac{dt}{1 - \frac{\alpha - \beta}{r + \alpha}\operatorname{sn}^2 \omega t}.$$

Les deux intégrales qui figurent ici sont de seconde espèce; $\frac{2r}{c}(\psi - \psi_0)$ se composera donc d'un terme proportionnel à t et de termes périodiques de la forme

$$\frac{\Theta'(\omega t + \varepsilon)}{\Theta(\omega t + \varepsilon)}.$$

Si donc on imprimait au pendule un mouvement uniforme de rotation convenable, son mouvement relatif serait périodique.

FIN.

TABLE DES MATIÈRES.

ERRATA.

Page 11, dernière ligne, *au lieu de* (*aef*), *lisez* (*ghi*).

Page 20, ligne 8, *au lieu de* $\int_0^{\pi}$, *lisez* $\int_0^{2\pi}$.

Page 21, dans les deux dernières formules, et page 22 dans la première formule, *remplacez* $(z+x)^{n+1}$ *par* $(z-a)^n(z-x)$.

Page 22, dernière ligne, *au lieu de* $m-n$, *lisez* $\Sigma m - \Sigma n$.

Page 23, ligne 4, *au lieu de*

$$[\log f(z)] = m - n, \quad \textit{lisez} \quad \frac{1}{2\pi\sqrt{-1}}[\log f(z)] = \Sigma m - \Sigma n.$$

Page 23, ligne 7, *supprimez* le *facteur* 2π.

Page 23, ligne 8, *au lieu de* $m-n$, *lisez* $2\pi(\Sigma m - \Sigma n)$.

Page 23, ligne 12, *écrivez en avant du premier membre* $\frac{1}{2\pi\sqrt{-1}}$.

Page 25, ligne 5, *au lieu de* $f(z)$ *dans le second membre, lisez* $f(x)$.

Page 35, ligne 2, entre $\int \frac{dx}{x}$ et $\log x$, *mettre le signe* $=$.

Page 36, ligne 21, *supprimez* le signe $-$.

Page 38, avant-dernière ligne, *au lieu de* xlp, *lisez* $x_0 lp$.

Page 42, ligne 10, *au lieu de*

$$[\alpha\beta(\gamma+\delta) - \gamma\delta(\alpha+\beta)]^2,$$

lisez

$$[\alpha\beta(\gamma+\delta) - \gamma\delta(\alpha+\beta)](\alpha+\beta-\gamma-\delta)^2.$$

Page 47, ligne 14, *au lieu de* dx, *lisez* $d\varphi$.

Page 49, ligne 15, *au lieu de* $\sqrt{\alpha+h} - \sqrt{\alpha}$, *lisez* $\sqrt{h}$.

Page 53, *au lieu de* zdz, *lisez* $2dz$.

Page 55, ligne 9, *au lieu de* $= t^2$, *lisez* $= k'^2 t^2$.

Page 55, ligne 11, *au lieu de* dy, *lisez* dt.

Page 69, ligne 5, *supprimez le signe — en face du signe* Π.

Page 70, lignes 11 et 13, *changez dans le second membre de la formule* $\sqrt{-1}$ *en* $-\sqrt{-1}$.

Page 72, dernière ligne, *au lieu de* $\frac{\alpha}{2\pi\sqrt{-1}}$, *lisez* $\frac{\alpha\omega}{2\pi\sqrt{-1}}$.

Page 80, ligne 14, *au lieu de* $\mathrm{H}(x)$ est égal à $\mathrm{H}_1(x+k)$, *lisez* $\mathrm{H}_1(x)$ est égal à $\mathrm{H}(x+k)$.

Page 83, lignes 4 et 6 en commençant par le bas, *au lieu de* $q^{n(n+1)}$, *lisez* $q^{1+3+\ldots+(2n+1)}$.

Page 83, ligne 7 en commençant par le bas, *au lieu de* q^{2n-3}, *lisez* q^{2n-1}.
Page 107, ligne 8, *au lieu de* indépendant de μ, *lisez* indépendant de x.
Page 139, ligne 6, *au lieu de*

$$e^{-\frac{\pi\sqrt{-1}}{K}(2x+K'\sqrt{-1})},$$

lisez

$$e^{-\frac{\pi\sqrt{-1}}{K}(x+K'\sqrt{-1})}.$$

Page 139, avant-dernière ligne, *au lieu de* $2K'\sqrt{-1}$, *lisez* $4K'\sqrt{-1}$.

3914. Paris. — Imprimerie de GAUTHIER-VILLARS, quai des Grands-Augustins, 55

www.ingramcontent.com/pod-product-compliance
Ingram Content Group UK Ltd.
Pitfield, Milton Keynes, MK11 3LW, UK
UKHW021051230726
13926UKWH00004B/1777

9 782013 440080